Wissenschaftsfreiheit

Braunschweiger Beiträge zur Sozialethik
Herausgegeben von Hans-Georg Babke

Band 2

PETER LANG
Frankfurt am Main·Berlin·Bern·Bruxelles·New York·Oxford·Wien

Hans-Georg Babke (Hrsg.)

Wissenschaftsfreiheit

PETER LANG
Internationaler Verlag der Wissenschaften

Bibliografische Information der Deutschen Nationalbibliothek
Die Deutsche Nationalbibliothek verzeichnet diese Publikation in
der Deutschen Nationalbibliografie; detaillierte bibliografische
Daten sind im Internet über http://dnb.d-nb.de abrufbar.

Logo auf dem Buchumschlag:

Abdruck mit freundlicher Genehmigung
der Evangelischen Akademie
der Evangelisch-lutherischen Landeskirche
in Braunschweig.
© communicare, Braunschweig.

Gedruckt auf alterungsbeständigem,
säurefreiem Papier.

ISSN 1864-077X
ISBN 978-3-631-58788-1
© Peter Lang GmbH
Internationaler Verlag der Wissenschaften
Frankfurt am Main 2010
Alle Rechte vorbehalten.

Das Werk einschließlich aller seiner Teile ist urheberrechtlich
geschützt. Jede Verwertung außerhalb der engen Grenzen des
Urheberrechtsgesetzes ist ohne Zustimmung des Verlages
unzulässig und strafbar. Das gilt insbesondere für
Vervielfältigungen, Übersetzungen, Mikroverfilmungen und die
Einspeicherung und Verarbeitung in elektronischen Systemen.

www.peterlang.de

Inhalt

Hans-Georg Babke
Wissenschaft, Freiheit, Wahrheit, Gemeinwohl-
Verantwortung _____ 7

William J. Hoye
Wurzeln der Wissenschaftsfreiheit an der mittelalterlichen
Universität _____ 19

Arnulf von Scheliha
Die Diskussion um die Wissenschaftsfreiheit im
Spannungsfeld von christlichem und liberalem
Freiheitsverständnis _____ 49

Hartmut Kreß
Wissenschaft als Kulturgut und die heutige Krise
der Wissenschaftsfreiheit. Problemhinweise zu
einem vernachlässigten Thema aus ethischer Sicht _____ 77

Hein Retter
Wissenschaftsfreiheit, Universität und Demokratisierung im
historischen Kontext _____ 117

Christoph Enders
Die Freiheit der Wissenschaft im System
der Grundrechtsgewährleistungen _____ 153

Klaus Gahl
SKIP – Kriterien oder Argumente?
Aspekte des Embryonenschutzes _____ 171

Hans-Georg Babke

Wissenschaft, Freiheit, Wahrheit, Gemeinwohl-Verantwortung

An prominenter Stelle, nämlich unter den Grundrechten, deren Wesensgehalt nicht angetastet werden darf, findet sich im bundesdeutschen Grundgesetz das Recht auf Wissenschafts-, Forschungs- und Lehrfreiheit. Wörtlich heißt es in Art 5 III GG: „Kunst und Wissenschaft, Forschung und Lehre sind frei." Abgesehen von der allgemeinen Verpflichtung zur Verfassungstreue unterliegt dieses Grundrecht keinen sonstigen Schranken. Auch im Vertrag über eine Verfassung für Europa wird in der Charta der Grundrechte die Wissenschaftsfreiheit gewährt. Art II-73 lautet: „Kunst und Forschung sind frei. Die akademische Freiheit wird geachtet." Hier gilt jedoch der allgemeine Schrankenvorbehalt der Präambel: „Die Ausübung dieser Rechte" – gemeint sind die Grundrechte – „ist mit Verantwortung und mit Pflichten sowohl gegenüber den Mitmenschen als auch gegenüber der menschlichen Gemeinschaft und den künftigen Generationen verbunden."

Historisch und systematisch wurden die Grundrechte als individuelle Abwehrrechte gegen staatliche Ein- und Übergriffe konzipiert. Das Recht auf Wissenschaftsfreiheit (Oberbegriff) und auf Forschungs- und Lehrfreiheit (Unterbegriffe) war und ist dementsprechend zuallererst ein Recht des einzelnen Wissenschaftlers.

M.E. lassen sich folgende Implikationen bzw. erwartungsvollen Unterstellungen dieser Schutzgarantie erheben:

– Zunächst einmal folgt daraus, dass die *Ergebnisse* der wissenschaftlichen Tätigkeit grundsätzlich *offen* sein müssen und nicht durch wissenschaftsexterne Vorgaben präjudiziert sein dürfen. Auch die Wahl der wissenschaftlichen Verfahrensweisen unter-

liegt der Eigenverantwortlichkeit des Wissenschaftlers. Diese Freiheit verbürgt keineswegs, dass seine Ergebnisse richtig und seine Methoden angemessen sind. Schon gar nicht, dass sie von den anderen Wissenschaftlern akzeptiert werden. In der Wissenschaftsfreiheitsgarantie drückt sich jedoch die implizite Erwartung aus, dass die Wissenschaft ein *Prozess ist, der sich selbst reguliert. Das Medium der Selbstregulation ist der freie Diskurs* zwischen den mit der entsprechenden Urteilskompetenz begabten Teilnehmern. Neben der Ergebnisoffenheit der wissenschaftlichen Tätigkeit des Einzelnen muss demnach auch der freie, unzensierte wissenschaftliche Diskurs als eingeschlossenes schutzwürdiges Gut des Grundrechts angesehen werden.
– Eine zweite Unterstellung ist die, dass Wissenschaft und Forschung mit ihrem methodischen Vorgehen der Wissenserweiterung und Wahrheitsermittlung dienen und damit primär *funktional bezogen* sind *auf die Wahrheit als einer regulativen, d.h. handlungs- und erkenntnisleitenden Idee* der Wissenschaft.
– Die dritte Unterstellung besteht – als Kombination der beiden zuerst genannten – darin, dass nur die unzensierte, freiheitliche Tätigkeit des Wissenschaftlers in Verbindung mit dem freiheitlich organisierten wissenschaftlichen Diskurs den Wahrheitsbezug ermöglicht, sowohl was den Erkenntnisgegenstand als auch was den Erkenntnisprozess betrifft – unter Einschluss der Reflexion auf die Reichweite und die Grenzen menschlichen Erkenntnisvermögens und fachspezifischer Erkenntnismethoden –, dass mithin Wahrheit untrennbar mit Freiheit und Autonomie verbunden ist und jede Form der heteronomen Intervention von außen als Wahrheitshindernis aufzufassen ist.
– Schließlich enthält die Freiheitsgarantie die Unterstellung, dass eine unabhängige, allein auf die Wahrheit bezogene Wissenschaft eine positive Wirkung auf die Gesellschaft hat, mithin dem *Gemeinwohl* dient.

Organisatorische Instrumente zur Gewährleistung der Wissenschaftsfreiheit waren in Deutschland entweder die staatliche Trägerschaft von Wissenschafts- und Forschungseinrichtungen (Hochschulen, Universitäten), wobei der unmittelbare Durchgriff des Staates auf die Wissenschaften durch Organe der Selbstverwaltung verhindert wird, oder die staatliche Finanzierung von anerkannten gemeinnützigen wissenschaftlichen Gesellschaften, die – wie beispielsweise die Max-Planck-Gesellschaft – die Wissenschaftsautonomie als zentrales Anliegen ansehen. Letzteren kommt im bundesdeutschen Wissenschaftssystem jedoch eher die Aufgabe der Ergänzungseinrichtungen zu, die Forschungsrichtungen aufgreifen, die an den Universitäten und Hochschulen nicht repräsentiert sind oder wegen ihrer Interdisziplinarität nicht in die Wissenschaftsorganisation der Universitäten passen. Darüber hinaus erbringen sie in ihrer Schwerpunktforschung mit ihren Apparaten Dienstleistungen für die Hochschulforschung.[1]

Die staatliche Trägerschaft von Universitäten und Hochschulen und die staatliche Förderung von wissenschaftlichen Gesellschaften allein gewährleisten aber noch nicht die Geltung der Wissenschaftsautonomie. In der Zeit der nationalsozialistischen Diktatur war die staatliche Trägerschaft aufgrund der Gleichschaltungspolitik geradezu das Einfallstor für eine von weltanschaulichen Interessen gesteuerte Wissenschaft.

Nicht ganz unproblematisch ist aber auch die Förderung von Wissenschaftskorporationen. Das zeigt die Fortentwicklung der herrschenden Grundrechtsinterpretation in den vergangenen Jahrzehnten von der sog. negativen Interpretation der Grundrechte als individueller Abwehrrechte zur sog. positiven Interpretation als staatlicher Gewährleistungsrechte. Das bedeutet, dass der einzelne Bürger nicht nur das Recht hat, in seinen Grundrechten gegenüber staatlichen Übergriffen frei zu sein, sondern dass der Staat die Pflicht hat, die Voraussetzungen dafür zu schaffen, dass der einzelne

---

1 http://www.mpg.de/ueberDieGesellschaft/profil/aufgabe/index.html

Bürger seine Grundrechte auch wahrnehmen und praktizieren kann. „Dem Staat wächst heute ... eine öffentliche Aufgabe der Grundrechtsförderung in dem Sinne zu, daß er sich der gesellschaftlichen (nicht zuletzt der ökonomischen) Bedingungen für die praktische Umsetzung grundrechtlicher Freiheitsgarantien in reale Freiheitschancen anzunehmen hat. Längst ist – auf der Ebene von Verfassungstheorie und Verfassungsrecht – die Ergänzungsbedürftigkeit der traditionellen Abwehr- und Ausgrenzungsstruktur von Grundrechten um eine auch leistungsstaatliche Dimension erkannt. In weiten Teilen ist grundrechtliche Freiheit heute angewiesen auf staatliche Pflege und staatliche Förderung und gelten die Grundrechte deshalb auch als positive Staatsziele, als tauglicher Gegenstand von (dann) ‚Grundrechtsaufgaben' des Staates."[2]

So plausibel diese Auffassung zunächst auch erscheinen mag, hat sie doch problematische Konsequenzen: Unter der Hand und fast unbemerkt hat sich dadurch der Träger der Grundrechte verändert. Ist es beim Grundrecht als Abwehrrecht der Einzelne, wird es beim Grundrecht als Gewährleistungsrecht eine Institution oder ein Verband. Nicht der einzelne Wissenschaftler kann einfordern, dass die ihm gewährten „Freiheitsgarantien in reale Freiheitschancen" umzusetzen sind. Vielmehr fördert der Staat die Grundrechtswahrnehmung durch Korporationen, wie die wissenschaftlichen Gesellschaften oder – im Fall der Theologischen Fakultäten – die kulturhistorisch und soziologisch bedeutsamen Religionsgemeinschaften. So ist es nicht verwunderlich, dass die ursprünglichen individuellen Freiheitsrechte nun (auch) als korporative Freiheitsrechte interpretiert werden. Zu den korporativen Fördermaßnahmen können neben der finanziellen Förderung auch privilegierte Rechtsformen oder institutionelle Verbindungen mit den Gesellschaften gehören. Die Korporation ist „Medium und Mittlerin individueller Grundrecht-

---

2 Klaus Meyer-Teschendorf, Der Körperschaftsstatus der Kirchen, in: Paul Mikat (Hg.), Kirche und Staat in der neueren Entwicklung, Darmstadt 1980, 498-552, hier: 547 f.

lichkeit".[3] Die Gestaltung des Binnenverhältnisses zwischen Korporation und Individuum fällt in das Selbstbestimmungsrecht der Korporation. Im Falle der Theologischen Fakultäten wird von der herrschenden Rechtsauffassung den Religionsgemeinschaften das uneingeschränkte Recht zugestanden, bei der Besetzung von Lehrstühlen dezisiv mitzubestimmen, die Inhalte der Lehre zu definieren und bei kirchlicher Beanstandung in Fragen der Lehre und der Lebensführung des Hochschultheologen seine Entfernung aus der Theologischen Fakultät zu verlangen.[4] Aufgrund der interpretativen Fortentwicklung ist das Recht des Einzelnen auf Unabhängigkeit seiner Forschung und Lehre genau in sein Gegenteil verkehrt worden. Die positive, korporative Wissenschaftsfreiheit kann mit der negativen individuellen Wissenschaftsfreiheit leicht in Konflikt geraten und diese sogar verletzen. Nach Heckels Auffassung ist im Fall der Theologischen Fakultäten diese individuelle Rechtsverletzung geringer zu veranschlagen als der staatliche Eingriff in das korporative Selbstbestimmungsrecht der Religionsgemeinschaften.[5] Es stellt sich die Frage, was von dem unveränderlichen Wesensgehalt des Grundrechts (Art. 19 II GG) dann noch übrig bleibt.

Bei den privatrechtlich organisierten wissenschaftlichen Gesellschaften und den Forschungsverbünden wäre an den Kriterien für die Wahl der wissenschaftlichen Programme und Projekte und anhand der Verteilung der staatlichen Fördermittel zu prüfen, wie die individuelle Wissenschaftsfreiheitsgarantie intern ausgestaltet ist.

Grundsätzlich müsste sich die Wissenschaftsfreiheitsgarantie als Individualrecht mit der sich daraus ergebenden konkreten Wirkung auf alle Einrichtungen – zumindest in staatlicher Trägerschaft – erstrecken, zu deren Aufgaben die eigenständige wissenschaftliche Forschung gehört. Wie verhält sich das aber bei den staatsunmittel-

---

3 ebd., 549
4 Martin Heckel, Die theologischen Fakultäten im weltlichen Verfassungsstaat, Tübingen 1986, 47-65
5 ebd., 66

baren oberen Bundesbehörden, wie den Bundesanstalten oder Bundesämtern? Zu ihnen gehören etwa das Bundesamt für Strahlenschutz (BfS, Salzgitter), die Physikalisch-Technische Bundesanstalt (PTB, Braunschweig) oder die Bundesanstalt für Geowissenschaften und Rohstoffe (BGR, Hannover), um nur einige zu nennen. Diese Behörden unterstehen unmittelbar dem für sie zuständigen Bundesministerium und dessen Weisungen.[6] Alle drei oberen Bundesbehörden sind mehr oder weniger stark involviert in die Planung von Endlagern für radiaktive Abfälle unter der politisch-konzeptionellen Vorgabe einer nicht-rückholbaren Endlagerung in tiefengeologischen Schichten. Das besondere Risiko bei dieser Konzeption besteht vor allem in den nicht kalkulierbaren Laufzeiten der Schadstoffe über das Medium Wasser zurück in die Biosphäre. Der Testfall für die Geltung der Wissenschaftsfreiheit in diesen Einrichtungen wäre die Frage, ob es den darin tätigen Wissenschaftlern möglich wäre, gegen die politisch-konzeptionelle Vorgabe erkenntnistheoretische Vorbehalte geltend zu machen gegenüber dem Optimismus, sichere langfristige Prognosen geben zu können über die hinreichend lange Isolierung der Schadstoffe von der Biosphäre. Die Geltung der Wissenschaftsautonomie hätte sich auch darin zu erweisen, dass solchen kritischen Wissenschaftlern die finanziellen und technischen Voraussetzungen geschaffen würden, alternative Konzepte zu erkunden und zu erforschen. Ganz abgesehen davon, dass beispielsweise dem Bundesamt für Strahlenschutz vom Wissenschaftsrat bescheinigt wird, dass faktisch die eigene wissenschaftliche Forschung – im Widerspruch zum Errichtungsgesetz – keine Rolle spielt und dass es eine zu große Abhängigkeit bei der Aufgabenwahrnehmung vom zuständigen Ministerium gibt[7], erschwert doch schon allein die Organisationsstruktur mit der Wei-

---

6 Gesetz über die Errichtung eines Bundesamtes für Strahlenschutz vom 9. Oktober 1989, in: BGBl. I, 1830, § 3

7 Wissenschaftspolitische Stellungnahme des Wissenschaftsrates zum Bundesamt für Strahlenschutz (BfS), Salzgitter" vom 19. Mai 2006, 8 u. 11, unter http://www.wissenschaftsrat.de/texte/7259-06.pdf

sungsgebundenheit dieser Wissenschaftseinrichtungen grundsätzlich die Wahrnehmung des Grundrechts – sowohl individuell als auch korporativ – und verhindert von vornherein die Ergebnisoffenheit wegen der politischen Vorgaben.

Ein weiteres Gefährdungspotential für die Wissenschaftsfreiheit sind die stark angestiegenen Kooperationen zwischen den Wissenschaftseinrichtungen und privatwirtschaftlichen Unternehmen. Solche Kooperationen laufen unter der Überschrift „Wissens- und Technologietransfer". Er umfasst die finanzielle Beteiligung der Privatwirtschaft an gemeinsamen Projekten, die Verwertung wissenschaftlichen know-how durch Lizensierungen, die Ausgründung von Firmen aus den Wissenschaftseinrichtungen, den befristeten Personalaustausch, die Errichtung privatwirtschaftlicher Stiftungsprofessuren an staatlichen Hochschulen u.a.m. Die Gefahr einer durch außerwissenschaftliche Interessen geleitete Auftragsforschung mit gewünschten Ergebnissen ist nicht von der Hand zu weisen. Die Max-Planck-Gesellschaft beschreibt den möglichen Konflikt so: „Als gemeinnützige und weit überwiegend durch Zuwendungen von Bund und Ländern finanzierte Forschungsorganisation produziert die Max-Planck-Gesellschaft mit ihrer Forschung ein öffentliches Gut, das im öffentlichen Interesse genutzt werden soll. Die Nutzung des Wissens im öffentlichen Interesse schließt auch seinen Transfer in die Wirtschaft ein, der einen wichtigen und in seiner Bedeutung zunehmenden Beitrag der Max-Planck-Gesellschaft für das Gemeinwesen darstellt... Wirtschaftsunternehmen verfolgen in erster Linie einzelwirtschaftliche Ziele, auch wenn sie mittelbar den Wohlstand in einer Volkswirtschaft vermehren und somit ebenfalls zum Gemeinwohl beitragen. Aus der gegensätzlichen Aufgabenstellung – hier die gemeinnützige öffentlich finanzierte und somit primär dem Gemeinwohl verpflichtete Max-Planck-Gesellschaft, dort das mit privatem Kapital finanzierte und deshalb einzelwirtschaftlichen Zielen und Interessen verpflichtete Wirtschaftsunternehmen – können Spannungsverhältnisse im Umgang miteinander begründet werden, die sachgerecht zu behandeln sind."[8] Wissenstransfer zur Wirtschaft gibt es nicht mehr nur bei den anwendungsorientierten Wissenschaften, sondern auch bei den eher erkenntnisorientierten Grundlagenwissenschaften. Abgesehen davon, dass das Grundrecht nicht zwischen den Wissenschaftsarten unterscheidet, sondern es auch dem Wissenschaftler einer anwendungsorientierten Wissenschaft zuspricht, wäre auch eine denkbare graduelle Abstufung seiner Geltung wegen der Kooperationen der erkenntnisorientierten Wissenschaften mit privatwirtschaftlichen Unternehmen hinfällig. Wenn nicht mehr von einer klaren Bereichstrennung zwischen den Systemen Wissenschaft und Wirtschaft ausgegangen werden kann, sondern es zu wechselseitigen Vernetzungen kommt, die Reichweite der Wissenschaft aber über das wirtschaftliche Partikularwohl hinausgehen muss, können Kollisionen zwischen dem Recht auf Wissenschaftsfreiheit und unternehmerischen Verwertungsinteressen dann nur noch innerhalb der Wissenschaftsorganisation durch vertraglich geregelte, verbindliche Verhaltens- und Verfahrensregeln für die Gestaltung des Wissenstransfers eingedämmt werden, wie das die Max-Planck-Gesellschaft in den oben zitierten „Leitlinien für den Wissens- und Technologie-Transfer" getan hat.

Die Beiträge des vorliegenden Bandes sind hervorgegangen aus einem Symposium der Akademie der Ev.-luth. Landeskirche in Braunschweig zum Thema „Wissenschaftsfreiheit". Vertreter unterschiedlicher Wissenschaftsdisziplinen, der Rechtswissenschaft, der Evangelischen und Katholischen Theologie und Sozialethik, der Medizin und Pädagogik, haben das Thema jeweils aus ihrer Perspektive beleuchtet. Anlass für die Themenwahl war die gemeinsame Sorge, dass das hohe Gut der Wissenschaftsfreiheit nicht

---

8 Generalverwaltung der Max-Planck-Gesellschaft zur Förderung der Wissenschaften e.V. in Zusammenarbeit mit dem Wissenschaftlichen Rat der Max-Planck-Gesellschaft (Hg.), Leitlinien für den Wissens- und Technologie-Transfer, August 2002, unter http://www.max-planck-innovation.de/ share/ leitlinien/Leitlinien_Wissens-_und_Technologietransfer.pdf, 3 f.

nur durch die oben genannten Tendenzen schleichend ausgehöhlt wird, sondern auch durch gesellschaftliche Forderungen nach Eingrenzung der Freiheit aus Gründen des Embryonenschutzes. Den Teilnehmern war bewusst, dass das Korrelat der individuellen Wissenschaftsfreiheit die Verantwortung „sowohl gegenüber den Mitmenschen als auch gegenüber der menschlichen Gemeinschaft und den künftigen Generationen" ist, wie es die Präambel der europäischen Charta der Grundrechte formuliert. Die Frage aber ist, wodurch dieses Verantwortungsbewusstsein mit der entsprechenden Eingrenzung von Freiheitsansprüchen erzeugt wird – ob durch heteronome Vorgaben oder durch eigene Einsicht als Folge der autonomen wissenschaftlichen Tätigkeit und der damit verbundenen Reflexion auf die Reichweite des menschlichen Erkenntnisvermögens. In den theologischen Beiträgen wird die Geschichte der Idee von der Wissenschaftsautonomie nachgezeichnet, die eng verknüpft ist mit den mittelalterlichen Universitätsgründungen in Europa und mit der Christentumsgeschichte. Wurde die Wissenschaftsfreiheit gegen staatliche Interventionen im Mittelalter zunächst durch die kirchlichen Autoritäten gewährt, musste sie seit der Reformationszeit nur allzu oft gegen die Allianz von Kirche und Staat errungen werden. Auch in der Gegenwart wird von kirchlicher Seite noch immer der Gegensatz von Glauben und autonomer Vernunft, von christlicher und liberaler Freiheit behauptet und letztere als „Eigenmächtigkeit" diskreditiert. In den theologischen Beiträgen dieses Bandes wird dagegen Bezug genommen auf die aufklärerischen und liberalen Traditionen der Theologie des 19. und beginnenden 20. Jahrhunderts, in denen der Wahrheitsbezug der autonomen Vernunft ineins gesetzt wird mit dem Gottesbezug. Nach Kant, für den die Grenzen der vernunftgemäßen Erkenntnis zusammenfallen mit den Grenzen der erfahrbaren Wirklichkeit, hat der Mensch seine unantastbare Würde gerade dadurch, dass er allein mit Hilfe seiner Vernunft deren Grenzen sich selbst einsichtig machen und sie selbstbestimmt akzeptieren kann. „Wir brauchen unsere *Vernunft*, um aus den zahlreichen Erfahrungen mit unserer physischen und psychischen Unzulänglichkeit auf die Begrenztheit unserer Kräfte überhaupt und damit auch auf die Endlichkeit eines jeden individuellen Daseins *schließen* zu können. Die *Selbstbegrenzung der menschlichen Kräfte* kann nur aus einer mit Hilfe der Vernunft ermittelten Einsicht in eben die *Begrenztheit unserer Kräfte* stammen. Nur die Vernunft kann unsere Fähigkeiten bilanzieren; also kann auch nur sie den Schluß nahelegen, daß wir mit den beschränkten physischen, psychischen und intellektuellen Mitteln letztlich immer nur *begrenzte Erkenntnisse* haben werden. Und nur die Vernunft kann die praktische Konsequenz empfehlen, uns mit dieser – auch durch die Erkenntnis nicht aufhebbaren – Endlichkeit abzufinden."[9] Der konsequente Gebrauch der sich selbst bestimmenden Vernunft führt nach Kant also nicht zu einer sich selbst überschätzenden Hybris, sondern zur epistemischen Demut, aber eben durch eigene Einsicht und nicht durch fremdbestimmte Einschränkung. Zwischen Selbstbestimmung und Religion gibt es dann keinen Widerspruch. Auch für die sich selbst bestimmende Wissenschaft muss diese Konsequenz unterstellt werden, sofern sie auf den eigenen Erkenntnisprozess reflektiert. Wenn auch nicht der einzelne Wissenschaftler zur epistemischen Demut gelangen mag, trägt doch der freiheitlich organisierte wissenschaftliche Diskurs die Verheißung in sich, dass die Reichweite und die Grenzen menschlichen Erkenntnisvermögens aus eigener Einsicht ermittelt und die notwendigen wissenschaftsethischen Konsequenzen daraus gezogen werden. Die Geltung der Wissenschaftsfreiheit beim Bundesamt für Strahlenschutz hätte vermutlich nicht zu der vermessenen Auffassung geführt, man könne mehrere Hunderttausende von Jahren der Erdgeschichte sicher prognostizieren und Sicherheitsgarantien für die langfristige Isolierung der radioaktiven Schadstoffe von der Biosphäre geben.

---

9 Volker Gerhardt, Selbstbestimmung – Das Prinzip Individualität –, Stuttgart 1999, 138 f.

Freilich: Die Wissenschaftler und Wissenschaftseinrichtungen, die zu Recht ihre Autonomie reklamieren, haben nachzuweisen, dass diese in der Wissenschaftsfreiheitsgarantie enthaltenen Unterstellungen der epistemischen Demut und der Verantwortung für das Gemeinwohl – auch künftiger Generationen – zu Recht gemacht werden.

William J. Hoye

Wurzeln der Wissenschaftsfreiheit an der mittelalterlichen Universität

Es ist nicht leicht einzusehen, warum Wissenschaftsfreiheit gerade ein Menschenrecht ist, das heißt ein Abwehrrecht vorgegeben in der menschlichen Natur. Dahingegen ist die historische Frage, woher die Idee der Wissenschaftsfreiheit stammt, nicht schwer zu erforschen. Verwunderlich ist es dann, dass die historische Herkunft drastisch missgedeutet wird. Hier herrscht ein Vorurteil, das uns glauben macht, die Wissenschaftsfreiheit sei in der Aufklärung entstanden. Wie selbstverständlich diese Vorstellung geworden ist, lässt sich unter anderem daran erkennen, dass selbst ein renommiertes Werk wie das *Handbuch des Staatsrechts der Bundesrepublik Deutschland* sich sie kritiklos zu eigen macht. Mit aller wünschenswerten Naivität liest man dort: „Die geistigen Wurzeln der Wissenschaftsfreiheit gehen in Humanismus und Aufklärung zurück. Sie befreiten das wissenschaftliche, rationale, voraussetzungslos der Wahrheitssuche verpflichtete Denken von den Bindungen theologischer Dogmatik. Die Gründungen von Halle (1694) und Göttingen (1737) datieren den Beginn der modernen, der Wissenschaftsfreiheit verpflichteten deutschen Universität in Abwendung von ihren mittelalterlichen Vorgängerinnen."[1]

Die Wissenschaftsfreiheit wird zwar zu Recht in der Wahrheitssuche gegründet, aber diese Beschreibung ist sonst an mehreren Punkten falsch – was folgende Ausführungen zeigen sollten. Die historische Wahrheit ist just das Gegenteil von der hier geäußerten

---

1 T. Oppermann, „Freiheit von Forschung und Lehre", *Handbuch des Staatsrechts der Bundesrepublik Deutschland*, hrsg. von J. Isensee u. P. Kirchhof (Heidelberg) Bd. VI (1989), § 145, Rn. 2.

Ansicht. Es ist zwar richtig, dass Humanismus und Aufklärung die Wissenschaftsfreiheit hoch schätzten, aber die Wurzeln liegen deutlich früher. Versteht man sie sachgerecht, so erweist sich die Theologie, zusammen mit ihren unveränderlichen Dogmen, als geradezu vorbildlich für das freie Denken. Die an einer modernen Universität existierende Wissenschaftsfreiheit ist des weiteren nicht durch einen Bruch mit der mittelalterlichen Universität entstanden, sondern verkörpert vielmehr eine Einschränkung der für die mittelalterliche Universität typischen Wissenschaftsfreiheit. Tatsächlich war die Aufklärung etwas anders, als man sich es meist versteht, aber noch mehr war es das Mittelalter.

Die Vertreibung Christian Wolffs von der Universität Halle im Jahre 1723

Christian Wolff, der zu seiner Zeit wohl bekannteste Philosoph Europas, ist ein aufschlussreiches Beispiel für die akademische Freiheit in der frühen Aufklärung. Seine Entlassung und Vertreibung von der jungen Aufklärungsuniversität Halle wurde nicht etwa von einem Universitätsgremium oder einem kirchlichen Amtsträger, sondern vom preußischen König selbst veranlasst. Wolff bekam zwei Tage Zeit, um Preußen zu verlassen; sonst sollte er hingerichtet werden. Der aufgeklärte Philosoph, so wenig Märtyrer für die Wahrheit wie Galilei, floh daraufhin schleunigst nach Marburg.

Der Vorwurf gegen Wolff bezog sich auf die Wahlfreiheit des Menschen. Es schien in seinem lückenlosen, rationalistischen Systemdenken kein Platz für die Wahlfreiheit übrig zu sein. Alles sei vorherbestimmt, zumal die rationalistische Idee der ‚prästabilierten Harmonie' einen strengen Determinismus implizierte. Wolff verteidigte sich vehement und bejahte ausdrücklich die Existenz der Wahlfreiheit. Er berief sich ferner auf seine ‚Freiheit zu philosophieren', was mit der akademischen Freiheit gleichbedeutend war.[2] Einschlägig waren also zwei Freiheitsarten: die akademische Freiheit der Universität und die Wahlfreiheit des menschlichen Willens.

Typisch mittelalterlich ist die Tatsache, dass für Wolff die Triebfeder des Ganzen in der Idee der Wahrheit lag. So verteidigte er sich mit dem klassischen Prinzip: „Ich kan aber auch nicht wieder die Wahrheit seyn."[3] Diese Einstellung ist keineswegs ein Spezifikum der Aufklärung, kann sie sich auf die Autorität der Bibel berufen, wo der Satz steht: „Wir können unsere Kraft nicht gegen die Wahrheit einsetzen, nur für die Wahrheit" (2 Kor 13, 8). Allerdings versteht Wolff selbst die Gedankenfreiheit als das Gegenteil von der Abhängigkeit von Autoritäten. Darin besteht für ihn geradezu die Definition der Freiheit zu philosophieren. Seine Erläuterung spricht uns Kindern der Neuzeit aus dem Herzen: „Und hierinnen bestehet die Freyheit zu philosophiren, dass man sich in Beurtheilung der Wahrheit nicht nach andern, sondern nach sich richtet. Denn wenn man gehalten ist etwas für wahr zu halten, weil es ein anderer saget, dass es wahr sey, und den Beweis deswegen muss gelten lassen, weil ihn der andere für überzeugend ausgiebt;

---

2 "Significant too is the appearance in his [Campanella's] text, possibly for the first time, of the phrase *libertas philosophandi*, freedom of philosophizing, which was the fruit of the medieval autonomy of philosophy and was the forerunner of more modern terms like *Lehrfreiheit* and 'academic freedom'. This phrase became fairly common usage in the seventeenth century." R. Hofstadter, *Academic Freedom in the Age of the College*, mit Einl. von R. L. Geiger (New Brunswick, New Jersey 1996), 59. Anm. 139 ergänzt: "Among those who used it later in the seventeenth century were Descartes and Spinoza. [...] The phrase itself was perhaps new, but the idea, as many a medieval master could have testified, was old."

3 Chr. Wolff, *Ausführliche Nachricht von seinen eigenen Schriften, die er in deutscher Sprache von den verschiedenen Theilen der Weltweißheit herausgegeben* (Frankfurt am Mayn 1726), Kap. 4, § 41. Eine ähnliche Stellungnahme findet sich bereits bei Augustinus, *De utilitate credendi. Über den Nutzen des Glaubens*, übers. u. eingeleitet von A. Hoffmann, Fontes christiani, Bd. 9 (Freiburg 1992), Nr. 24.

so ist man in der Sclaverey. Man muss sich befehlen lassen für wahr zu halten, was man doch nicht als wahr erkennt, und einen Beweis für überzeugend anzusehen, dessen überzeugende Kraft man bey sich nicht empfindet."[4]

Für Wolffs (eigentlich vereinfachende) Sichtweise schließen sich eine fremde Autorität und selbstständiges Denken gegenseitig aus: „Und demnach bestehet die Sclaverey im philosophiren in Unterwerfung seines Verstandes dem Urtheil eines andern oder, welches gleichviel ist, in Resolvirung seines Beyfalles in die Autorität eines andern."[5]

Von besonderem Interesse für mein Anliegen ist nun Wolffs überraschende Berufung auf die Behandlung Galileis durch die römische Inquisition: „So habe ich doch niemahls mehr Freyheit zu philosophiren praetendiret", klagt er, „als man in der Römischen Kirche bey dem *Systemate Copernicano* verstattet, auch bey dem *Systemate harmoniae praestabilitatae* mich keiner mehreren angemasset, und als man meine Freyheit zu philosophiren kräncken wollen, nicht mehr Recht verlanget, als man Galilaeo wiederfahren lassen."[6]

Was Wolff bei dieser uns fremd wirkenden Ansicht im Auge hatte, war die Tatsache, dass die Kirche in ihren Lehrverurteilungen normalerweise (geschriebene) Sätze, also, genau betrachtet, nicht Meinungen, missbilligt.

Der Ausdruck ‚Akademische Freiheit'

Eine Einmischung einer staatlichen Autorität in den Lehrbetrieb einer deutschen Universität kommt im Hochmittelalter nicht vor, sondern ist zum ersten Mal im Jahre 1425 nachweisbar. In diesem Jahr wendeten sich fünf deutsche Kurfürsten gegen die Einführung der Theologie der beiden in Köln im 13. Jahrhundert tätig gewese-

---

4 Ebd.
5 Ebd.
6 Ebd., Kap. 14, § 218.

nen Heiligen Albertus Magnus und Thomas von Aquin. Die Kurfürsten argumentierten, die Studenten würden dadurch verwirrt. Interessant ist die Reaktion der Universität. Sie antwortet nämlich, dass man ihr ihre ureigene Freiheit [libertas primitiva] lassen soll („zu laissen in unser yersten vryheit").[7] Eine etablierte unverletzbare ‚ureigene' Freiheit wird also vorausgesetzt. Worin bestand sie? Jedenfalls wird deutlich, dass die akademische Freiheit erheblich älter als die Aufklärung ist.

Der früheste mir bekannte Beleg für den Begriff der akademischen Freiheit stammt aus einem Dokument eines Papsts. Nun werden wir heute wahrscheinlich vermuten, dass sich der Papst damals irgendwie gegen die akademische Freiheit geäußert hat, aber das Gegenteil ist der Fall. Im Jahre 1220 findet sich der Ausdruck ‚scholastische Freiheit' [libertas scolastica] in einer Bulle des Papstes Honorius III. Derselbe Papst hatte drei Jahre vorher den synonymen Ausdruck ‚Freiheit der Studenten' [libertas scolarium] verwendet. Der Papst ermutigte die Universität Bologna zum Ungehorsam gegenüber der Stadtverwaltung, die verbieten wollte, dass die Studenten einen Treueid zu den Statuten der Universität schwören. Die Stadt war außerdem der Ansicht, dass der Rektor der Universität nicht, wie üblich, von den Studenten, sondern nur von den Professoren gewählt werden sollte. Der Papst schrieb, dass die Studenten die „scholastische Reinheit nicht verunzieren lassen", ihre Organisation nicht aufgeben, sondern die Stadt lieber aus Protest verlassen sollten.[8]

Ein weiteres Zeugnis aus dem 13. Jahrhundert bietet die Universität von Toulouse, die erste vom Papst selbst gegründete Universität. Sie pries die an ihr herrschende Freiheit: „Was fehlt euch also? Die scholastische Freiheit? Ganz gewiss nicht, denn ohne von ir-

---

7 Vgl. P. Classen, *Studium und Gesellschaft im Mittelalter*, hrsg. von J. Fried, Schriften der Monumenta Germaniae Historica, 29 (Stuttgart 1983), 263-264.
8 Zitiert nach H. Rashdall, *The Universities of Europe in the Middle Ages*, hrsg. von F. M. Powicke u. A. B. Emden (Nachdruck: Oxford 1951), I, Appendix, 585.

gend jemandem gezügelt zu werden, erfreut ihr euch eurer eigenen Freiheit."[9]

In Paris erhielt Philipp der Kanzler (dessen Amtszeit von 1218-1236 reichte) vom Papst eine Rüge für seine Kritik an der Universität. Daraufhin wurde er zu einem energischen Verteidiger der akademischen Freiheit. Er nannte denjenigen, der auf der akademischen Freiheit herumtrampeln will, „einen Schweinsfuß, einen tierischen Menschen" [*pes pecoris, homo animalis qui conculcat scholasticam libertatem*][10]. Nachdem die Universität als Protest die Stadt zwischen 1229 und 1231 verlassen hatte, versuchte Philipp sie zurückzubewegen, indem er versicherte, dass „ihre Freiheit freiheitlich und unverletzlich bewahrt würde"[11].

Natürlich war es nicht immer so, dass der Papst auf der Seite der akademischen Freiheit stand, aber es bleibt dennoch bezeichnend, dass die junge Universität immer wieder vom Papst Schutz erhielt.

Die Entstehung der Universität und der akademischen Freiheit im Mittelalter

Unter ‚akademischer Freiheit' verstehe ich die Wissenschaftsfreiheit, sofern diese an einer Universität vorkommt. Die Wissenschaftsfreiheit selbst geht auf die Antike zurück und wurde von

---

9 *Chartularium Universitatis Parisiensis*, hrsg. von H. Denifle u. A. Chatelain (Paris 1889), Nr. 72, Bd. I, 131. Vgl. P. Classen, a. a. O., 241-242; J. Miethke, „Bildungsstand und Freiheitsforderung (12. bis 14. Jahrhundert)", in: *Die abendländische Freiheit vom 10. zum 14. Jahrhundert. Der Wirkungszusammenhang von Idee und Wirklichkeit im europäischen Vergleich*, hrsg. von J. Fried (Sigmaringen 1991), 221-247, hier: 227.

10 Zitiert nach A. L. Gabriel, "The Conflict between the Chancellor and the University of Masters and Students at Paris during the Middle Ages", in: *Die Auseinandersetzungen an der Pariser Universität im XIII. Jahrhundert*, Miscellanea Mediaevalia, X, hrsg. von A. Zimmermann (Berlin 1976), 106-154, hier: 143.

11 Vgl. ebd., 144.

Aristoteles definiert. Die akademische Freiheit hat sich zeitgleich mit der Entstehung der Universität herauskristallisiert. Die Universität, das heißt die Idee der Universität, ist eine europäische, eine christliche, ja – man kann sagen – eine klerikale Erfindung. Höhere Schulen außerhalb der christlich-europäischen Kultur haben zwar einige Eigenschaften mit einer Universität gemeinsam, bleiben zugleich aber soweit spezifisch anders, dass sie von Universitäten zu unterscheiden sind.[12] Zur gleichen Zeit und innerhalb der Universität entstand Theologie als Wissenschaft. Die Bezeichung ‚Universität' stammt aus dem späten Mittelalter.[13] Die frühere Bezeichnung war ‚Generalstudium' [*studium generale*].

Einzelne Freiheitsrechte

Ein fundamentales Charakteristikum der mittelalterlichen Universität ist die Mobilität. Peter Classen bietet folgende Erläuterung: „Die Universitäten verfügen zunächst nirgends über Grund und Boden, sie bestehen aus Gemeinschaften von Menschen, die lehren und lernen, und ihre Instrumente sind allein die Bücher, die sie hierhin und dorthin mitnehmen können. So kann Innozenz IV. 1244 gar ein Studium an der päpstlichen Kurie gründen, das seinen Ort jeweils mit der Residenz des Papstes wechselt, in Lyon, Perugia oder Rom, später in Avignon sitzt."[14]

Unter den handfesten Rechten gab es beispielsweise das Recht, sich in Nationen und Universitäten unter gewählten Rektoren zu-

---

12 Vgl. A. B. Cobban, *The Medieval Universities: Their Development and Organization* (London 1975), 21-22. Der Historiker Richard Hofstadter stellt fest: „Die mittelalterlichen Universitäten waren kirchliche Einrichtungen, die zu einer Zeit gegründet wurden, in der die Kirche ihre Institutionen vor den Eingriffen weltlicher Kräfte noch wirksam schützte." A. a. O., 121-122.
13 Vgl. P. Michaud-Quantin, *Universitas: expressions du mouvement communautaire dans le moyen âge latin* (Paris 1970).
14 P. Classen, a. a. O., 179-180. Vgl. H. Rashdall, a. a. O., II, 28-31.

sammenzuschließen.[15] Das Recht der Freizügigkeit ergab das stärkste Kampfmittel der Universität gegenüber der Stadt. Von großer Bedeutung war das Streikrecht, über das Classen schreibt: „Als Kampfmittel gegen die Stadt garantierte zum Beispiel Papst Gregor IX. im frühen 13. Jahrhundert der Universität Paris förmlich das Recht des Vorlesungsstreiks – vermutlich die älteste Garantie eines Streikrechts überhaupt."[16] Dieser Reform gemäß durfte die Universität als Protest gegen die Verhaftung eines ihrer Mitglieder die Lehrveranstaltungen einstellen. Hinzu kam das Recht des eigenen Gerichtsstandes sowie der Verleihung akademischer Grade. Sogar die Festlegung der Lebensmittelpreise und der Miethöhe der Studentenzimmer in der Stadt waren Gegenstand akademischer Rechte. In Oxford ereignete sich im 13. Jahrhundert der Fall, dass der Papst die von den Bürgern durchgeführte Kollektivstrafe an Studenten bestrafte, indem alle Mieten für Studentenwohnungen auf die Hälfte des Schätzpreises herabgesetzt wurden und Bußgelder an arme Studenten bezahlt werden mussten – was auch bis in das 20. Jahrhundert hinein tatsächlich erfolgte. Schon vorher wurde in Bologna die Überbietung von Mieten verboten.

Warum ein Recht auf Lehrfreiheit nicht dokumentarisch belegt ist, erklärt Classen folgendermaßen: „Von einer besonderen Lehrfreiheit hören wir aber zunächst gar nichts. Das ist nicht so erstaunlich, wie es scheinen möchte. Die Lehrfreiheit ergibt sich ganz einfach daraus, dass kein Statut, keine Reform und keine Stiftungsurkunde etwas über den Inhalt der Lehre aussagt, daß keine Instanz außerhalb der Universität in die Lehre eingreift."[17]

An der Universität Bologna muten uns heute manche Freiheitsrechte der Studenten erstaunlich an. Es gab zum Beispiel Vorschriften gegen die Abwerbung von Hörern und Examenskandidaten.

---

15 Vgl. P. Classen, a. a. O., 244.
16 Ebd., 185: „Das ist, irre ich nicht, die älteste Garantie eines Streikrechtes durch die höchste Autorität des Mittelalters, durch den Papst."
17 Ebd., 187.

Jedes Jahr wurden die Professoren vor dem Semesteranfang im Herbst neu von den Studenten in ihr Amt gewählt. Sie mussten dann dem studentischen Rektor einen Gehorsamseid schwören, und dieser übte über sie eine äußerst scharfe Disziplinargewalt aus mit Hilfe der Denunziatoren der Professoren [*denunciatores doctorum*], einer Art studentischer Geheimpolizei, die aus vier vom Rektor im Geheimen ausgewählten Studenten bestand. Im übrigen waren eigentlich alle Studenten per Statut verpflichtet, Vergehen der Professoren zu denunzieren. Die Studenten mussten innerhalb von drei Tagen ihre Denunziationen vorbringen. Das Rektorat war verpflichtet, bei der Denunziation von nur zwei dieser Studenten tätig zu werden. Außerdem hatten Professoren bei der Versammlung der gesamten Universität kein Stimmrecht (falls eingeladen, durften sie nur als Beobachter zugegen sein). Sie standen ständig unter Drohung von Bußgeldern. Ein Bußgeld war bereits fällig, wenn eine Vorlesung eine Minute verspätet anfing oder der Dozent über die vorgesehene Zeit hinaus las. Sollte dies passieren, so waren die Studenten dazu aufgefordert, den Vorlesungssaal unverzüglich zu verlassen. Vor Beginn der Vorlesungszeit trafen Studenten und Professoren Übereinkünfte über den Stoff der bevorstehenden Vorlesung und dessen Aufteilung in sog. *puncta,* deren Behandlung zeitlich streng aufgeteilt und überwacht wurde. (In einem Zeitraum von zwei Wochen mussten die einzelnen Punkte abgehandelt werden – widrigenfalls waren Bußgelder vorgeschrieben.) Derjenige Dozent, der einer schwierigen Frage auswich, indem er sie auf einen späteren Zeitpunkt verschob, oder nicht jeden Abschnitt des Stoffes mit gleicher Ausführlichkeit behandelte, verdiente eine Strafe. Waren nicht mindestens fünf Studenten bei seiner Hauptvorlesung bzw. drei bei seiner Nebenvorlesung anwesend, galt der Dozent als fehlend, wofür er eine festgelegte Strafgebühr entrichten musste. Wollte ein Professor für ein paar Tage die Stadt verlassen, musste er vorher die Erlaubnis der Studenten einholen. In diesem Fall musste er ein Pfand hinterlassen, um seine Rückkehr zu gewährleisten. Schließlich war es sogar möglich, dass er die ganzen Hörgelder an seine Hörer zurückzahlen musste. Daher war er angehalten, vor dem Semesteranfang Pfandgelder bei einem Bankier der Stadt zu hinterlegen. Von diesem Konto konnten die Bußgelder abgehoben werden. War das Pfand aufgebraucht, so war eine zweite Einzahlung vom nachlässigen Dozent vorgesehen. Leistete er Widerstand, so war ein Boykott seiner Vorlesung fällig.

Die Dominanz der Logik

Die fundamentale Bedeutung der Logik im mittelalterlichen Lehrbetrieb läßt sich anhand von Peter Abaelards (1079-1142) maßgeblicher Schrift *Für und Wider* [*Sic et non*] verdeutlichen.[18] Die Anfänge der später entwickelten *quaestio* (bzw. Disputation) werden hier zugrunde gelegt. Es entspricht dem intellektuellen Klima des Mittelalters, dass gerade im Zusammenhang mit der dogmatischen Glaubenslehre ein solches Verfahren wissenschaftlicher Freiheit entwickelt wurde. Für den, der Gott selbst mit der Wahrheit identifiziert, ist es naheliegend, der Suche nach Wahrheit eine außerordentliche Bedeutung einzuräumen. So kann Peter als Gewährsmann für seine Methode sogar Jesus selbst anführen: „Somit sagt sogar die Wahrheit selbst, ‚Suchet, und ihr werdet finden' (*Mt* 7, 7)."[19] Im selben Zusammenhang verweist er auch auf Aristoteles, den „scharfsinnigsten aller Philosophen", um das Ideal des Anzweifelns in der Suche nach Wahrheit einzuführen. Nach dem Prolog wird Aristoteles allerdings nicht mehr zitiert, denn das Werk enthält sonst nur Glaubensautoritäten, wenngleich diese alle im Lichte der aristotelischen Idee stehen. Schließlich wird die heidnische Philosophie dadurch unter das Licht des Glaubens gebracht, dass Jesus, die Wahrheit selbst, in die Begründung für die Angemessenheit des Suchens und Zweifelns einbezogen wird.

---

18 Vgl. Peter Abaelard, *Sic et non. A Critical Edition*, hrsg. von B. B. Boyer u. R. McKeon (Chicago u. London 1976), *Prologus*, S.103-104.
19 Ebd.

Das Neue an der Methode von *Sic et non* besteht darin, dass das Buch ausschließlich Glaubensautoritäten [*sententiae*] enthält, und dennoch ist der wissenschaftliche Verstand wirksam präsent, und zwar in Form von Logik. Im 12. Jahrhundert, unmittelbar vor Entstehung der Universität, war Logik das Paradigma der Wissenschaftlichkeit. Mit der aristotelischen Logik wurde die strenge Wissenschaft in die Universität eingeführt. Im 12. Jahrhundert war Logik dasjenige Fach, bei dem die Studenten die ersten Freuden am rigorosen intellektuellen Leben fanden. Eine Vertrautheit mit Logik gehörte zum Grundstudium aller Studenten. Die Verbindung der Logik mit der traditionellen Glaubenslehre, die in *Sic et non* durchgeführt wird, könnte man somit als den Anfang der universitären bzw. wissenschaftlichen Theologie bezeichnen. Mit Abaelard tritt der Glaube durch das Tor der Logik in das Reich der Wissenschaft ein. Peter war im übrigen einer der ersten, der die Theologie als echte Wissenschaft betrieb.

Durch diese Zusammenführung von Glaubensinhalten mit der Logik stellt sich die Wahrheit als Leitfeuer heraus. Zu den jeweils gestellten Fragen werden lediglich Autoritätsaussagen als Antworten angeführt, das heißt keine Vernunftargumente, keine Deutungen, keine eigenen Sätze von Peter selbst. Nichtsdestoweniger bleibt der Verstand des einzelnen Lesers maßgeblich bestimmend, denn die Aussagen werden nach einer bestimmten Ordnung dargestellt, die nicht nach thematischen Gesichtspunkten (wie etwa Peter Lombards Sentenzensammlung) konstruiert ist, sondern darin besteht, dass die Punkte in zwei Gruppen zusammengestellt werden. Eine Gruppe bejaht die gestellte Frage, die andere verneint sie – daher der Titel der Schrift. Da das rudimentäre logische Widerspruchsprinzip dadurch mehr als deutlich zum Tragen kommt, hat der Leser schließlich keine Antwort in der Hand. Zwar hat er die Glaubenslehre zur Kenntnis genommen, aber die logische Systematisierung dieser Lehre führt dazu, dass er nun nicht umhin kann, selbständig nachzudenken. Denn einen Widerspruch kann ein Mensch nicht für eine Wahrheit halten.

Wer Wahrheit allein durch den Glauben erlangen will und dieser Absicht konsequent nachgeht, hat schließlich nichts in der Hand als lauter Widersprüche, will sagen die klarsten Falschheiten. Die Glaubenslehre unterminiert die Vorstellung, man könne den Glauben einfach weitergeben. Wer Wahrheit allein durch die Autorität des Glaubens finden will, hat, wie Thomas von Aquin sagt, einen leeren Kopf: „Wenn der Lehrer mit nackten Autoritäten eine Frage entscheidet", sagt er, „dann wird der Hörer gewiß die Sicherheit haben, dass es so ist, doch wird er keine Erkenntnis und keine Einsicht erworben haben, und er wird leer weggehen."[20]

Peters Zusammenstellung in seiner programmatischen Schrift ist bewusst darauf angelegt, die jungen Studenten zu verwirren. Die Begründung lautet: „Wir haben unterschiedliche Aussagen der Väter gesammelt, [...] die die zarten Leser zur größten Ausübung der Wahrheitssuche provozieren und aus dieser Suche scharfsinniger machen. Der erste Schlüssel zur Weisheit ist die unablässige und häufige Befragung. [...] Durch Zweiflung gelangen wir zur Untersuchung; durch Untersuchung erblicken wir Wahrheit. [...] Wenn also einige Aussagen der Schriften angeführt werden, desto mehr sie den Leser erregen [*excitant*] und ihn zur Wahrheitssuche anlocken [*provocent*], desto mehr empfiehlt sich die Autorität derselben Schrift."[21] Es handelt sich also nicht, wie im neuzeitlichen Verständnis, um Befreiung des eigenen Denkens *von* den Autoritäten, sondern um Befreiung des Denkens *durch* die Autoritäten.

Die scholastische Methode des Anzweifelns

Die pädagogische Idee von Peter Abaelard wurde im Laufe der Zeit weiterentwickelt. Heute noch ist Zweifel ein Charakteristikum echter Wissenschaft. Thomas Oppermann bemerkt bestätigend: „Zur Wis-

---

20 Thomas von Aquin, *Quaestiones quodlibetales*, IV, Frage 9, Artikel 3, corpus.
21 Peter Abaelard, a. a. O., V. 330-350 (=letzter Absatz des Prologs).

senschaft gehört auch der methodisch begründete Zweifel und die Auseinandersetzung mit Gegenmeinungen im Sinne des ‚nie Abgeschlossenen' der Wahrheitssuche."[22] Das Anzweifeln [*dubitatio*] wurde schnell zu einem zentralen Grundzug scholastischer Pädagogik. So stellt Thomas von Aquin fest: „Wer Wahrheit suchen will, ohne vorher den Zweifel bedacht zu haben, ist wie jemand, der nicht weiß, wohin er geht. [...] Niemand kann Wahrheit direkt suchen, wenn er nicht zuvor Zweifel gekannt hat."[23] Thomas plädiert sogar für einen „universalen Zweifel hinsichtlich der Wahrheit" [*universalis dubitatio de veritate*].[24] Es ist ja nicht möglich, sich von der Fessel an einem Körperglied zu befreien, wenn man nichts von der Fessel weiß. So ist es auch unmöglich, intellektuelle Lösungen zu erkennen, wenn man sich nicht vorher über den Knoten im Verstand bewusst wird.[25]

Die quaestio disputata

Ein überzeugenderes Bild von der akademischen Freiheit an der mittelalterlichen Universität gewinnt man, wenn die scholastische *quaestio* noch eingehender vor Augen geführt wird. Mit dem Ausbau der universitären Wissenschaft verbindet sich die Entstehung der *quaestio disputata*. Neben der Kommentierung klassischer Texte [*lectio*] bürgerte sich die *quaestio disputata* als eine selbstständige Teilaufgabe des Professors, aber auch des Studenten ein. Die *quaestio disputata*, deren Gestalt sich Anfang des 13. Jahrhunderts insbesondere an der theologischen Fakultät der Universität Paris

---

22 T. Oppermann, a. a. O., § 145, Rn. 2.
23 Thomas von Aquin, *In Metaphysicam,* Buch 3, *lectio* 1, n. 3. „Wenn jemand nicht vorher den Zweifel gekannt hat, dessen Lösung das Ziel der Suche ist, kann er nicht wissen, wann er die gesuchte Wahrheit gefunden hat." Ebd., n. 4.
24 Ebd., n. 6.
25 Vgl. ebd., n. 2.

herauskristallisiert hatte, wurde in der Mitte des Jahrhunderts zum Brennpunkt des akademischen Lebens *par excellence*. Sie verbreitete sich schnell an allen Fakultäten jeder Universität und auch außerhalb der Universitäten, zum Beispiel am päpstlichen Hof. Bei der *quaestio disputata* entstehen die Streitpunkte nicht aus der widersprüchlichen Tradition der Autoritäten, sondern aus den Beiträgen der Teilnehmer an der aktuellen Diskussion. Disputationen sind also soziale Ereignisse; sie finden in einem mehr oder weniger öffentlichen Raum statt, wo eine Gemeinschaft um die Wahrheit streitet.

Um eine *quaestio* zu ermöglichen, müssen beide Seiten zumindest eine gewisse Plausibilität aufweisen, auch wenn sie sich widersprechen. Voraussetzung für die Behandlung einer Frage in einer *quaestio* war die Anzweifelbarkeit einer These: „Eine Quaestio ist eine bezweifelbare Aussage" [*Quaestio vero est dubitabilis propositio*], schreibt Boethius.[26] Der erforderliche Zweifel entsteht nur, wenn gegensätzliche Positionen einen überzeugenden Anspruch auf Wahrheit stellen können. „Ein Widerspruch ist nicht eine *quaestio*", schreibt Gilbert von Poitiers (1080–1154). „Vielmehr ist das eine *quaestio*, deren beide Teile Wahrheitsbeweisgründe zu haben scheinen."[27] Ein anderer zeitgenössischer Theologe schreibt: „Eine Disputation ist eine scholastische Veranstaltung, bei der eine Person ihre Absicht, die Wahrheit zu erforschen, mit dem Verstand zeigt und nach Kräften ernstlich behauptet. Es gibt nichts Klareres und Heilsameres zur Bewährung eines Schülers als diesen Vorgang. Die Disputation ist es, die die Wahrheit herausstellt, Rätsel offenbart und Irrtümer und Irreführungen verurteilt."[28] Zwar soll die Lösung [*determinatio*] einer Quaestio dem strengen Anspruch

---

26 Boethius, *In Topica Ciceronis*, Buch I (*Patrologia latina* 64, 1048D).

27 Gilbert von Poitiers, *De trinitate* (hrsg. von N. M. Häring, S. 37; *Patrologia latina* 64, 1258D).

28 Guilelmus Wheatley (gestorben nach 1317), *In Boethii De scholarium disciplina*, Kapitel 6 (*S. Thomae Aquinatis opera omnia*, Bd. 7: *Aliorum medii aevi auctorum scripta 61*, hrsg. von R. Busa [Stuttgart-Bad Cannstatt 1980], 194.).

des Verifikationsprinzips unterliegen, aber die Gegenargumente [*obiectiones*] nur dem Anspruch eines ‚Verisimilitudifikationsprinzips' genügen.

Die Disputation zwischen dem *opponens* und dem *respondens* fand als echte Diskussionsveranstaltung statt, um dann erst später veröffentlicht zu werden. Der Magister leitete immer die Sitzungen, die in der Regel nachmittags stattfanden und etwa drei oder vier Stunden dauerten. Er – und nicht ein klassischer Text – legte die Streitfrage fest, benannte den *opponens* und den *respondens*, die in der Dialektik einer Debatte Autoritäts- und Vernunftargumente vortrugen. Er konnte in die Diskussion eingreifen. Nach der *disputatio* fiel ihm die Aufgabe der endgültigen Lösung des Problems [*determinatio*] und der Gestaltung der Publikation [*editio*] zu.

Die *disputatio* fand grundsätzlich in zwei getrennten Formen statt: im Rahmen der Lehrveranstaltung des einzelnen Lehrers [*disputatio privata*] und in der Öffentlichkeit der gesamten Universität [*disputatio ordinaria* bzw. *publica*]. Während in den öffentlichen Disputationen auch Studenten von anderen *magistri* mitwirkten, waren bei der *disputatio privata* [*in scholis propriis*] nur die Studenten des jeweiligen Professors anwesend.

Im Normalfall dürfte ein Magister während des Semesters etwa zweimal im Monat eine *quaestio disputata ordinaria* gehalten haben. In Bologna des 13. Jahrhunderts musste ein Professor, der eine vorgesehene Disputation ausfallen ließ, sogar mit einer Geldstrafe rechnen. Wenn ein Magister eine *quaestio disputata* durchzuführen hatte, mussten per Anordnung der Universität alle Lehrveranstaltungen des betreffenden Tages außer seiner eigenen Vorlesung am Vormittag ausfallen. Die Studenten waren durch die Studienordnung gehalten, für die verschiedenen Studienabschnitte eine bestimmte Anzahl von Einsätzen als *respondens*, und zwar beim eigenen *magister* und bei fremden *magistri*, nachzuweisen. Für alle Studenten bestand Anwesenheitspflicht.

Die öffentliche *quaestio disputata* kannte verschiedene Formen. So unterscheidet man *quaestiones temptativae, collativae, in aula, in vesperis* und *in Sorbona* bzw. *sorbonicae*. Die Disputationen in der Sorbonne, die jeden Samstag stattfanden, hatten die Besonderheit, dass sie von Studenten, unter dem Vorsitz eines Studenten (als *magister studentium* bezeichnet) und in Anwesenheit von *magistri*, die auch aktiv Argumente beitragen durften, durchgeführt wurden.

Die quaestio quodlibetalis

Den Höhepunkt des mittelalterlichen akademischen Lebens bildete die *quaestio de quolibet*, auch *quaestio quodlibetalis* oder schlicht *quodlibet* genannt. Bei dieser Form der Disputation handelte es sich um ein feierliches Ereignis für die gesamte Universität. Seine vollendete Form erreichte das *quodlibet* an der theologischen Fakultät der Universität Paris im 13. und im frühen 14. Jahrhundert.

Bei einem *quodlibet* konnten die Fragen von jedem beliebigen Anwesenden [*a quolibet*], ob Professor oder Student, vorgebracht werden. Darüber hinaus durfte die Frage über alles Mögliche [*de quolibet*] gestellt werden. Daraus erklärt sich manche lustige, abwegige oder haarspalterische Frage, die aus der Scholastik stammt oder ihr zugeschrieben worden ist. So wurde beispielsweise Gottfried von Fontaines († nach 1306) mit der Frage konfrontiert, „ob der Mensch in diesem Leben Nahrung braucht, um am Leben zu bleiben"[29]. Die berühmte Frage, wieviel Engel auf eine Nadelspitze passen, ist allerdings für das Mittelalter nicht belegt; dass sie diskutiert worden sei, ist eher eine böswillige Unterstellung des Humanismus. Wegen der Aktualität und Offenheit der Diskussionen waren die *quodlibeta* Höhepunkte in der wissenschaftlichen Arbeit des Mittelalters. Nirgends tat sich die Gedanken- und Redefreiheit mehr kund. Anwesend waren andere *magistri*, junge und fortgeschrittene Studenten sowie vermutlich auch gebildete Menschen von außerhalb der Universität. Viele *magistri* drückten sich verständlicherweise vor der Aufgabe. Thomas von Aquin zeichnete sich dadurch aus, dass er

---

29 Gottfried von Fontaines, *Quodlibet XV*, Frage 13.

sich der Herausforderung außergewöhnlich oft unterzogen hat. Die Behauptung, dass Thomas die *quaestio quodlibetalis* erfunden habe, lässt sich allerdings nicht mehr aufrechterhalten. Jedenfalls erreichte diese akademische Form mit ihm zweifelsohne ihren Höhepunkt.

In seiner magistralen Studie über die *quaestiones disputatae* kommt Bernardo C. Bazàn zu folgendem Fazit: „Die Methode der disputierten Fragen ist der Ausdruck eines sehr hohen Grades von Freiheit. Man könnte sogar sagen, daß sie das Bewusstsein der intellektuellen Freiheit des mittelalterlichen Menschen sei, das sich als Methode der Forschung und Lehre vergegenständlicht hat."[30]

Im 16. Jahrhundert wird die Klage geäußert: „Man disputiert vor dem Essen, man disputiert während des Essens, man disputiert nach dem Essen, man disputiert öffentlich, privat, an jedem Ort zu jeder Zeit."[31] Wegen der damit verbundenen Tumulte [*tumultum faciendo*] verbot die Universität Paris schon im 14. Jahrhundert sowohl den Professoren wie den Studenten, ohne Erlaubnis des vorsitzenden Magisters in einer Disputation zu argumentieren. Wenn ein *magister* sich ohne Erlaubnis äußerte, so musste er zur Strafe drei seiner eigenen Vorlesungen ausfallen lassen.[32] Allerdings nutzten die Disziplinarmaßnahmen langfristig nichts: Im 15. Jahrhundert sind die Disputationen „zu wahrhaftigen Schlachten degeneriert", wie B. C. Bazàn resümiert. „Die *magistri* interessierten sich nicht mehr dafür und die Studenten, ohne Aufsicht sich selbst überlassen, übergaben sich allerlei Exzessen, bis schließlich

---

30 B. C. Bazàn, „Les questions disputées, principalement dans les facultés de théologie", in: B. C. Bazàn, J. W. Wippel, G. Fransen, D. Jacquart, *Les questions disputées et les questions quodlibétiques dans les facultés de théologie, de droit et de médecine, Typologie des sources du moyen âge occidental,* Fasc. 44/45 (Turnhout 1985), 13–149, hier: 144.
31 L. Vivès, *De caus. corr. art.,* hrsg. von Basil, I, p. 345; zitiert bei B. C. Bazàn, a. a. O., 85.
32 Vgl. *Chartularium,* t. II, n. 1023, S. 485.

die Fakultät der Artisten die [durch ältere Studenten durchzuführenden] *determinationes* im Jahre 1472 untersagte."[33]

Offensichtlich hat die hochmittelalterliche Scholastik das Ringen um die Wahrheit ins Zentrum ihrer wissenschaftlichen und pädagogischen Methode gerückt. Der Historiker Peter Classen ist aufgrund seiner umfangreichen Forschung über die mittelalterliche Universität zu der zusammenfassenden Feststellung gelangt: „Zum ersten und vielleicht einzigen Mal in der europäischen Geschichte hat die wissenschaftliche Lehre während des 13. Jahrhunderts vollste Autonomie gefunden."[34]

Die quaestio als literarische Form

So charakteristisch für die Universitätspädagogik war die *quaestio*, dass sie zu der für die Scholastik typischen literarischen Form wurde. Bei der Konzipierung seiner für Anfänger geschriebenen *Summa theologiae* entschied sich Thomas von Aquin, die Form von vielen Hunderten *quaestiones* zu verwenden. Sie sind sehr kurz und geben nicht eine wirklich stattgefundene Disputation wieder. Für die großen scholastischen Summen ist dieses Vorgehen die Regel. Die Unterabschnitte, bzw. Artikel, stellen kleine *quaestiones disputatae* dar – eine Einführungsmethode, von der man heute meist annimmt, dass sie für junge Studenten eine Überforderung darstelle. Der Aufbau dieser fiktiven Disputationen besteht immer aus den drei folgenden Teilen: Zuerst werden Argumente für und wider die gestellte Frage vorgetragen, dann trägt der Autor seine eigene Stellungnahme zur Frage bei, und schließlich setzt er sich mit den eingangs dargestellten Argumenten auseinander.

Die *Summa theologiae* des Thomas war anscheinend nicht für den Lehrbetrieb konzipiert, sondern für das Selbststudium. Diese Einführung in das Studium beginnt nicht mit der Vermittlung von

---

33 B. C. Bazàn, a. a. O., 97.
34 P. Classen, a. a. O., 195, Anm.

Grundwissen, das der Anfänger zu erwerben hat, bevor er zu diskutieren beginnt. Sie beginnt auch nicht mit einer zusammenfassenden These, sondern vielmehr mit einer Frage. Die ersten Antworten [*obiectiones*], die der Leser daraufhin erfährt, sind Ansichten, die zwar möglichst schlüssig begründet werden – und zwar nicht nur von Autoritäten her, sondern auch mit reinen Vernunftargumenten –, die jedoch vom Autor selbst in der Regel für falsch gehalten werden. Nachdem der Leser auf diese Weise wiederholt in die falsche Richtung getrieben wurde, wird dann mindestens ein Argument angeführt (*Sed contra*), das zwar zu der richtigen Antwort gelangt, über dessen Gültigkeit der Autor sich aber im Normalfall nicht äußert. Dieses ‚Hinundhergezerre' mündet beim Leser in einen Zustand des Zweifelns. Erst nach dieser verwirrenden Einführung in die Frage nimmt der Autor selbst Stellung. Wenn er sich zum Schluss der Abhandlung mit den eingangs angeführten Argumenten auseinandersetzt, wird der Leser wohl gezwungen, hin- und herzuspringen.

Obwohl die *Summa theologiae* des Thomas von Aquin ein durchweg theologisches Werk ist, enthält sie auch seine Philosophie, d. h., sie schöpft sowohl aus dem Glauben wie aus der Vernunft. Thomas geht sogar so weit, schon am Anfang die Frage zu stellen, ob eine übernatürliche Offenbarung überhaupt vonnöten ist angesichts der Tatsache, dass es die antike, heidnische Philosophie bereits gibt. Noch erstaunlicher als die Frage ist die Antwort des Kirchenlehrers. Zwar bejaht er die Notwendigkeit der Offenbarung für das Erlangen des Heils als Lebensziel, denn nur sie bringe die Beschränktheit der menschlichen Vernunft zu Bewusstsein, wobei er diese Notwendigkeit auf die Vergangenheit [*necessarium fuit*] bezieht. Im übrigen führt er allerdings Gründe an, die praktisch ausgerichtet sind, zum Beispiel, dass die meisten Menschen nicht über die Zeit verfügen, die zum Studium der Philosophie erforderlich ist. Indem er sich mit dem Problem konfrontiert, dass der Horizont des Gegenstandes der Philosophie sich mit der Wahrheit und der Wirklichkeit deckt, kommt Thomas zu der Position, dass das Spezifische der christlichen Theologie gegenüber der philosophischen Theologie in der Perspektive, d. h. in dem Gesichtspunkt, unter dem betrachtet wird, besteht.[35] Dadurch, dass er dann den Inhalt der Theologie nicht als das, was geoffenbart worden ist [*revelata*], sondern als das, was geoffenbart werden *kann* [*revelabilia*], bestimmt, genießt die Philosophie volle Freiheit, ohne dass sie jedoch die Theologie absolut dominiert. Das heißt aber nicht, dass Thomas den Anspruch erheben will, alle Glaubenswahrheiten mit dem Verstand zu beweisen. Er will nichts mehr, als Einwände gegen Glaubenslehren zu entkräften und Missverständnissen entgegenzuwirken. Er geht also nicht so weit wie Anselm von Canterbury, der sich anschickte, zwingende Gründe [*rationes necessariae*] für spezifische Glaubenslehren zu finden, was zu seinem berühmten ‚ontologischen' Gottesbeweis führte. Umgekehrt lehnt Thomas aber auch jenes fideistische Extrem ab, das jede Neugierde, überhaupt etwas zu erfahren, was außerhalb der Offenbarung Gottes liegt, verwirft.

Heute hört man oft die Behauptung, den Gegner nicht zu verstehen, oder sogar nicht verstehen zu können. Bemerkungen wie „Es ist mir unverständlich..." erhalten für viele die Überzeugungskraft einer Widerlegung. In der mittelalterlichen Scholastik war, wie man sieht, ein derartiger Umgang ausgeschlossen; jede Gegenposition war zumindest verständlich! Sonst hätte ja kein Zweifel entstehen können, mit der Folge, dass keine Erforschung der Wahrheit hätte stattfinden können. Bevor man eine Position ablehnte, mussten zuerst gewichtige, zugunsten dieser Position sprechende Gründe überzeugend dargestellt werden.

Toleranz, die auf einem Festhalten an der Wahrheit fußt, beschränkt sich nicht auf die Vermeidung von Streitgesprächen. Kompromissbereitschaft ist keine hervorstechende Tugend des Wissenschaftlers. Wenigstens in der akademischen Welt soll man den Austausch nicht auf einen friedfertigen Dialog des Zur-Kenntnis-Nehmens verschiedener Standpunkte begrenzen. Mag sein, dass eine

---

35 Vgl. Thomas von Aquin, *Summa theologiae*, I, Frage 1, Artikel 1, obi. 2 u. zu 2.

mittelalterliche *quaestio disputata* zu viel Selbstdisziplin für heutige Einstellungen erfordert. Dennoch kann es sich zumindest die einzelne Studentin und der einzelne Student zur Regel machen, sich erst dann von einer Gegenposition zu distanzieren, wenn man zuvor plausible Argumente zu deren Gunsten hat sprechen lassen. „Im Gericht kann kein Richter ein Urteil fällen", argumentiert Thomas von Aquin, „der nicht die Argumente beider Parteien gehört hat."[36]

Die hermeneutische Versöhnung der Autoritäten mit der Wahrheit

Von der mittelalterlichen Scholastik kann man lernen, sich in einer vorgegebenen dogmatischen Tradition zu bewegen, ohne in einen schlechten Konformismus des Denkens zu verfallen. Neben der Methode der *quaestio disputata* kannte die Scholastik, wie gesagt, die Methode des Kommentierens klassischer Texte. Wie geht man mit tradierten Autoritäten um? Soll man Glaubensautoritäten über Bord werfen, weil sie sich selbst widersprechen? Die autoritätshörigen Menschen jener Zeit beschäftigten sich mit der Beziehung von Autorität und Vernunft auffallend gerne, und zwar in einer Weise, die ganz anders war, als ein prävalentes Vorurteil es heute vorzustellen beliebt. Sie gingen davon aus, dass man beide voll bejahen und ineinander integrieren kann. Die Scholastik entwickelte eine Methode, welche als ‚Auslegung' bezeichnet wurde.

Gegenüber der Tradition verstand sich der mittelalterliche Scholastiker bekanntlich als Zwerg im Vergleich zu den Riesen der Vergangenheit. Aber dieses nur scheinbar konservative Bild läuft auf ein Bild des Fortschritts hinaus, denn die Zwerge – so die

---

36 Thomas von Aquin, *In Metaphysicam*, Buch 3, *lectio* 1, n. 5. In der mittelalterlichen juristischen Fakultät nahm die *disputatio* sogar ausdrücklich die Form eines Gerichtsverfahrens an.

Schlussfolgerung des Vergleichs – sitzen auf den Schultern der Riesen und können deshalb weiter schauen als sie.[37]

‚Auslegung' bzw. ‚Interpretation' sind Bezeichnungen für eine Lösung des scheinbaren Konflikts zwischen Autoritäten und Vernunft. Thomas von Aquin drückt das Verfahren wie folgt aus: „Will man schon die Aussagen verschiedener Denker in Einklang bringen, was freilich nicht notwendig ist, so muß man sagen: die Autoritäten [...] müssen ausgelegt werden."[38] Dieses Verfahren unterscheidet exakt zwischen dem Wortlaut und der Bedeutung eines Textes. Mit anderen Worten: Sprache lässt sich auf zweierlei Weise betrachten: als *bloße* Sprache und als *verstandene* Sprache.

Wie heute, so waren auch im Mittelalter mehrere historisch-kritische Methoden bekannt, wie man einen scheinbaren Widerspruch zwischen Autoritäten auflöst. Zum Beispiel schreibt Peter: „Für viele Widersprüchlichkeiten findet man meist eine leichte Lösung, wenn man dartun kann, daß die gleichen Worte von den verschiedenen Verfassern in verschiedener Bedeutung verwendet wurden."[39] Möglicherweise werden Worte in einem sonst ungebräuchlichen Sinn oder in verschiedenen Bedeutungen gebraucht. Oder aber die Aussagen sind eventuell nicht als verbindliche Wahrheit gemeint, sondern nur als eine Meinung. Manchmal lässt sich die Unechtheit der Werke oder die Verderbtheit der Texte feststellen. Es trifft ebenfalls von Zeit zu Zeit zu, dass derselbe Autor seine Aussage später zurücknimmt (*retractationes*). Aber nicht alle Widersprüche sind nur scheinbare. Für den Fall, dass widersprüchliche Äußerungen sich schließlich nicht harmonisieren lassen, muss man „respektvoll interpretieren", nötigenfalls sogar, wie Albert der Große sagt, „Gewalt anwenden"[40].

37 Vgl. Johannes von Salisbury, *Metalogicon,* III, 4.
38 Thomas von Aquin, *In II Sent.,* Distinktion 2, Frage 1, Artikel 3, zu 1.
39 Peter Abaelard, a. a. O.
40 „Gewisse Leute behaupten, Hilarius habe diese Worte zurückgenommen, und das wäre meines Erachtens die glücklichere Lösung. Da ich aber sein Buch der Zurücknahmen nicht gesehen habe, muß man an drei Stellen seinen

Vor einem Gegensatz zwischen tradiertem Glauben und selbständiger Vernunft gab der mittelalterliche Theologe nicht auf, sondern hielt an der Vernunft nicht weniger als an der Autorität fest. Die mittelalterliche Theologie war sich voll bewusst, dass das Verständnis eines Textes aus zwei Quellen entsteht, wobei das Denken des Lesers als Quelle anerkannt wurde. Außerdem benutzte man die Metapher der zwei von Gott geschriebenen Bücher. Demnach hatte man zwei Quellen [*loci*] der Offenbarung[41]: das Buch der hl. Schrift, im Lichte des Glaubens zu lesen, und das Buch der Natur, im Lichte des Verstandes zu lesen.

Nebenbei bemerkt: Auf diese Auffassung rekurriert Galileo Galilei, wenn er sich gegenüber der Inquisition auf das Buch der Natur beruft, welches naturwissenschaftlich gelesen und dazu verwendet werden könne, herauszufinden, was der ‚Autor' der Bibel, der ebenfalls das Buch der Natur verfasst habe, eigentlich sagen wolle. Die wirkliche Schwäche der Position Galileis lag bei seiner naturwissenschaftlichen Lektüre des Buches der Natur. Ironischerweise nahm die Inquisition ihrerseits einen modernen Standpunkt ein. Sie argumentierte nämlich gesellschaftlich, zugunsten einer geordnet durchstrukturierten Gemeinschaft, die einen Andersdenkenden als Verfremdung ansah. In dem berühmten Inquisitionsprozess setzte Galilei seinerseits eine mittelalterliche Hermeneutik voraus. Galileis theologisches Argument fand bezeichnenderweise in dem Verurteilungsschreiben keine Berücksichtigung, stattdessen verwies die Inquisition auf die Arroganz eines Individuums, das sich anmaßte, es könne gegen die Gemeinschaft recht haben. Der Andersdenkende, der unsolidarische Dissident, stellte *ipso facto* eine Bedrohung für die Gemeinschaft dar. „Auf die gegen dich mehrfach erhobenen Einwände von der hl. Schrift her hast du geantwortet", so lautete der Urteilsspruch, „indem

---

Worten Gewalt antun." Albertus Magnus, *In III Sent.*, Distinktion 15, Artikel 10.
41 Als Zusammenfassung der mittelalterlichen Sicht vgl. M. Cano, *De locis theologicis*, I, cap. 2.

du die besagte Schrift gemäß deiner eigenen Meinung auslegtest."[42] Einem solchen Standpunkt war im Mittelalter nicht zu begegnen, heute allerdings ist er noch verbreitet. Diese Argumentationsfigur ist politisch: Das Suchen nach Wahrheit wird gesellschaftlich betrachtet. Der Abweichler erscheint *per se* verdächtig. Somit dispensiert man sich vom eigenen Ringen um die Wahrheit – und führt eventuell stattdessen etwas wie beispielsweise Frieden oder Solidarität ins Feld.

Warum hat die Kirche Galilei den Prozess gemacht? Warum erregte es keinen Anstoß, als der Kardinal und Papstfreund Nikolaus von Kues etwa 200 Jahre vor Galilei lehrte, dass die Erde nicht Mittelpunkt des Universums sei und dass sie sich bewege.[43] Ich vermute, dass der Grund darin liegt, dass Cusanus noch im geistigen Leben des Mittelalters stand, während Galilei sich schon in der Neuzeit befand.

Wie dem auch sei, dank ihrer durchdachten Hermeneutik konnten die Scholastiker ganz anders mit der Tradition umgehen. Sie versetzten sich nämlich in die Lage, Autoritäten in *quaestiones* zu integrieren. Der Schlüssel dieses Umgangs mit überkommenem Gedankengut besteht darin, die Autoritäten hermeneutisch zu begreifen; eine Autorität wird zu einem Text, d. h., an die Stelle einer Person wird ein sprachliches Phänomen gesetzt.[44] Mit anderen Worten: Die Berufung auf Autoritäten war nicht eine Berufung auf Denker oder auf ihre Intentionen, sondern auf deren schriftliche Aussagen. Autoritäten sind Texte. So wie die Demokratie sich einen Text als schriftliche

---

42 G. Galilei, *Opere,* Ed. Nazionale cura et labore A. Favaro (Florenz 1929-1939), Bd. 19, 403.
43 Vgl. Nikolaus von Kues, *De docta ignorantia*, II, 11-12.
44 Nach Untersuchungen von M.-D. Chenu bedeutete das Wort ‚Autorität' [*auctoritas*] ursprünglich das Ansehen, die Würde einer Person: jemand hat Autorität. Dann meinte es die Person selbst: jemand ist eine Autorität. Schließlich – im Hochmittelalter – bezeichnete der Begriff vor allem ein Produkt der Person, und zwar einen von ihr verfaßten Text. Der Ausdruck „die Autorität des hl. Augustinus" meinte zum Beispiel einen Text, eine sprachliche Äußerung, die von Augustinus stammt. Vgl. M.-D. Chenu, *La théologie au douzième siècle*, 3. Aufl. (Paris 1976), Études de philosophie médiévale, 354-355.

Verfassung zugrunde legt, hat analogerweise das christliche Denken ein Buch gleichsam als Grundverfassung.[45] Denker nehmen somit die Gestalt von *sententiae*, d. h. Lehrmeinungen in kurzer schriftlicher Form, an, und diese Sätze werden sowohl von den Absichten ihres Urhebers getrennt als auch aus ihrem ursprünglichen Kontext herausgelöst.

Die scholastische Hermeneutik geht davon aus, dass die wissenschaftliche Bedeutung eines Textes die realitätsbezogene Bedeutung ist;[46] sie ist also nicht mit der Absicht des menschlichen Autors identisch. Denn man wollte nicht wissen – wie Thomas von Aquin bemerkt –, „was Menschen gedacht haben, sondern vielmehr wie es mit der Wahrheit der Realitäten [*veritas rerum*] bestellt ist"[47]. Ein Beispiel dieses Verfahrens bietet folgende Behandlung einer astronomischen Frage, nämlich ob das Firmament am zweiten Tage geschaffen wurde, wie die hl. Schrift es sagt. In seiner Lösung argumentiert Thomas, mit Berufung auf die Autorität des Augustinus, folgendermaßen: „Wie Augustinus lehrt, sind in solchen Fragen zwei Dinge zu beachten: Erstens muß die Wahrheit der Schrift [*veritas Scripturae*] unerschüttert gewahrt werden [*inconcusse teneatur*]. Zweitens: Da die hl. Schrift sich vielfältig auslegen läßt, soll niemand einer bestimmten Auslegung so fest anhängen, daß er, wenn mit einem sicheren Vernunftargument [*certa ratione*] festgestellt wird, daß diese Auslegung falsch sei, es trotzdem wagt, sie zu vertreten. Denn sonst könnte es sein, daß die hl. Schrift deswegen von den Ungläubigen verlacht und ihnen der Weg zum Glauben dadurch versperrt werde. Man muß also wissen, daß der Satz ‚Das Firmament ist am zweiten Tage geschaffen worden', auf zweifache Weise verstanden werden kann. Einmal von dem Firmament, an dem die Sterne sich bewegen,

---

45 Zur Analogie des Lehramtes zu einem Verfassungsgericht vgl. W. J. Byron, "The Nature of Academic Freedom and the Teaching of Theology" in: *Issues in Academic Freedom,* hrsg. von G. S. Worgul jun. (Pittsburgh, Pennsylvania 1992), 70-87.
46 Vgl. Thomas von Aquin, *Summa theologiae*, I, Frage 1, Artikel 10, *corpus*.
47 Thomas von Aquin, *In De caelo et mundo*, I, Kap. 10, *lectio* 22.

und in dieser Hinsicht müssen wir unterschiedlich erklären, je nach den unterschiedlichen Auffassungen der Menschen über das Firmament. [...] Man kann jedoch auch so erklären, daß unter dem ‚Firmament', das nach der Schrift am zweiten Tage geschaffen wurde, nicht der Sternenhimmel verstanden wird, sondern jener Teil der Luft, in welchem die Wolken sich verdichten. Das heißt dann ‚Firmament' wegen der Dichtigkeit der Luft in diesem Raum. [...] Und dieser Erklärung zufolge ergibt sich zu keiner Auffassung ein Widerspruch."[48]

Thomas legt also der wahrheitsgemäßen Schriftauslegung drei Regeln zugrunde: Erstens muss die Annahme, die hl. Schrift habe nur eine einzige Bedeutung, vermieden werden, denn die Offenbarung lehrt viele Wahrheiten, es gibt jedoch nicht *die* wahre Bedeutung der Glaubenslehre. Zweitens muss die Bedeutung, die dem Text zugeschrieben wird, in sich eine Wahrheit verkörpern. Und drittens muss die unterstellte Bedeutung dem Wortlaut des Textes entsprechen. Was der menschliche Autor im Sinne hatte, ist, wie gesagt, für diese Hermeneutik letztlich nicht ausschlaggebend.

Die mittelalterliche Auslegungsmethode wird von den Scholastikern selbst als eine „fromme" [*pia*] bzw. „respektvolle Interpretation" [*reverentia interpretatio*] bezeichnet.[49] Dennoch war sie auch für damalige Zeitgenossen anstößig. Auf Alanus ab Insulis († 1202) geht das bekannte Zitat zurück: „Eine Autorität hat eine Nase aus Wachs, das heißt, man kann sie in verschiedene Richtung biegen."[50] Dieses Bild war so verbreitet, dass auch eine deutsche Version am Ende des 15. Jahrhunderts existiert: „Die heilige geschrift ist wie ein wachseni nas, man bügt es war man wil."[51] In England wurde eine derbere Metapher

---

48 Thomas von Aquin, *Summa theologiae*, I, Frage 68, Artikel 1, *corpus*.
49 Vgl. Hugo von St. Viktor, *De sacramentis,* Buch I, p. 1, Kap. 2 (*Patrologia latina* 176, 187): „pie interpretari"; Thomas von Aquin, *Contra errores Graecorum, prooemium*: „exponere reverenter".
50 Alanus ab Insulis, *De fide catholica*, I, 30 (*Patrologia latina* 210, 333).
51 Geiler von Kaisersberg (Ende des 15. Jahrhunderts), zitiert nach C. Schmidt, *Histoire littéraire de l'Alsace à la fin du XV siècle* (1879), I, 423. Vgl. K. F. W. Wander, *Deutsches Sprichwörterlexikon* (Aalen 1963), Nr. 201.

verwendet: „Jeder Autoritäts-Text ist eine Hure, die bald im Sinne des einen Anliegens, bald im Sinne des anderen ausgelegt wurde."[52] Vor diesem Hintergrund versteht man, wie Johannes Scotus Eriugena folgende Überzeugung kategorisch und a priori ausdrücken konnte: „Eine Autorität kann der Vernunft nicht wirklich widersprechen, und die Vernunft kann einer Autorität nicht wirklich widersprechen."[53]

Man soll nicht verkennen, dass diese Interpretationsmethode für die buchstäbliche, historische Bedeutung gelten soll. Es handelt sich hier nicht um das, was man heute meist als die allegorische Auslegung kennt. Es betrifft gerade die Literalbedeutung, wenn der Aquinat feststellt: „Nun bezeichnet man aber das, was der Autor bei seinen Worten ‚im Sinne hat', als den Literalsinn. Urheber der hl. Schrift aber ist Gott, der in seiner Erkenntnis alles zumal begreift. Also ist es (nach Augustinus) ganz angemessen, wenn auch nach dem Literalsinn derselbe Schrifttext mehrere Bedeutungen hat."[54] So gelangt Thomas zu der fundamentalen Schlussfolgerung, dass jedwede Bedeutung, die in sich eine Wahrheit darstellt und die dem Wortlaut des Textes nicht widerspricht, eine von Gott intendierte Literalbedeutung des Offenbarungstextes ist: „Es gehört zu der Erhabenheit der hl. Schrift, daß sie viele Bedeutungen unter einem Buchstaben enthält, so daß sie mit verschiedenen Meinungen harmonisiert, was dazu führt, daß jeder erstaunt ist, diejenige Wahrheit in der Schrift zu finden, die er in seiner eigenen Vernunft denkt. Und deshalb ist es leicht, die Schrift gegen Ungläubige zu verteidigen: Erscheint eine Bedeutung, die man in der Schrift erkennen will, als falsch, so kann man auf eine andere Bedeutung des Textes zurückgreifen."[55] Die buchstäbliche Bedeutung eines Textes ist,

---

52 Adelard von Bath (12. Jahrhundert), *Questiones naturales*, 6.
53 Johannes Scotus Eriugena, *De divinis naturis*, I, 66. Vgl. Honorius, *Libellus VIII quaestionum*, cap. 1 (*Patrologia latina* 172, 1185B).
54 Thomas von Aquin, *De potentia*, Frage 4, Artikel 1, *corpus*.
55 Ebd. Auf einen anderen analogen Fall angewendet: *Summa theologiae*, I, Frage 68, Artikel 1.

mit anderen Worten, die realitätsbezogene Bedeutung,[56] was sich nicht unbedingt mit der Absicht des menschlichen Autoren deckt. Thomas begründet diesen Ansatz wie folgt: „Wenn die Ausleger der hl. Schrift eine Wahrheit dem Wortlaut anpassen, die der [menschliche] Autor nicht gedacht hat, kann kein Zweifel bestehen, daß der hl. Geist sie gedacht hat, und er ist ja der primäre Autor der hl. Schrift." Dann folgt: „Jede Wahrheit also, die – unter Aufrechterhaltung der Beschaffenheit des Wortlauts – der hl. Schrift angepaßt werden kann, *ist* ihre Bedeutung."[57] Im 14. Jahrhundert hat Meister Eckhart die Begründung der mittelalterlichen Hermeneutik mit ihrer letztlich theologischen, d. h. auf die Wahrheit selbst gründenden, Dimension bündig zusammengefasst: „Da also die Literalbedeutung die ist, die der Autor der Schrift meint, der Autor der hl. Schrift aber Gott ist – wie [bei Thomas von Aquin] gesagt worden ist –, so ist jedwede Bedeutung, die wahr ist, eine Literalbedeutung. Denn es steht fest, daß jede Einzelwahrheit [*omne verum* (konkrete)] aus der Wahrheit selbst [*ab ipsa veritate* (abstrakt)] stammt, in ihr eingeschlossen ist, sich von ihr ableitet und von ihr gemeint ist."[58]

Der Schlüssel bei diesem Verfahren ist die Wahrheit. Nicht Wahrheiten [*vera*], sondern *die* Wahrheit selbst [*veritas*], macht das Denken frei. Wahrheiten sind intolerant. Der Realität, über die diskutiert wird, wird von den Diskutierenden sozusagen eine dogmatische Funktion anerkannt. „Die dogmatische Verfassung der Lebenswelt" hält etwa Jürgen Habermas für „eine notwendige Bedingung für das fallibilistische Bewusstsein von Argumentationsteilnehmern, die damit rechnen, dass sie sich auch noch im Falle gut begründeter Meinungen irren können."[59] „Kein Diskurs vermag, die ontologischen Konnotationen,

---

56 Vgl. ebd., Frage 1, Artikel 10, *corpus*.
57 Thomas von Aquin, *De potentia*, Frage 4, Artikel 1, *corpus* (Hervorhebung von mir).
58 Meister Eckhart, *Liber parab. Gen.*, n. 2 (*LW* I, 449).
59 J. Habermas, „Richtigkeit vs. Wahrheit. Zum Sinn der Sollgeltung moralischer Urteile und Normen", in: *Deutsche Zeitschrift für Philosophie*, 46 (1998), 179-208, hier: 193.

die wir mit dem assertorischen Sinn von Behauptungen verbinden"[60], aufzuheben. Habermas spricht von der Resistenz der objektiven Welt.[61] Gerade weil *die* Wahrheit eine Abstraktion ist, ohne eigenen konkreten Inhalt, wirkt sie anti-totalitär. Sie schützt vor der Verabsolutierung bestimmter, einzelner Wahrheiten. Sie sichert eine letzte Offenheit und Unabgeschlossenheit. Der freie Diskurs reicht infolgedessen nicht, wie Habermas selbst einräumt: „Der Diskursbegriff der Wahrheit ist also nicht geradehin falsch, aber unzureichend. Er erklärt noch nicht, was uns dazu *autorisiert*, eine als ideal gerechtfertigt unterstellte Aussage für wahr zu halten."[62]

Der soziale Umgang wahrheitssuchender Menschen ist komplex. Realistischerweise sollen Tradition und Autorität mit der Vernunft in Einklang gebracht werden. Die mittelalterliche Universität bietet Anregungen, wie dies getan werden kann.

---

60 Ebd. „Diese spezifisch menschliche Intelligenz scheint die Möglichkeiten etwa eines Computers zu übersteigen. Ein Computer ist nicht vernünftig in diesem vollen Sinne, sondern nur logisch konsequent. Die binäre Codierung von Wahrheitsfragen ist durch die ontologische Unterstellung einer objektiven Welt motiviert, mit der wir als Handelnde ‚zurechtkommen' müssen." Ebd., 206.
61 „Der Begriff der Objektivität [...] erstreckt sich einerseits auf die Resistenz einer unverfügbaren Welt, die unseren Manipulationen ihren Eigensinn entgegensetzt, andererseits auf die Identität einer für alle gemeinsamen Welt." Ebd., 193.
62 Ebd., 191.

Arnulf von Scheliha

Die Diskussion um die Wissenschaftsfreiheit im Spannungsfeld von christlichem und liberalem Freiheitsverständnis

Die Überschrift verweist auf ein in gewisser Weise tragisches Thema. Denn viele der führenden Theologen des neuzeitlichen Protestantismus haben das Naturrechtsdenken und die Menschenrechtsidee als ihrer Interpretation des christlichen Glaubens entgegengesetzt empfunden. Dieser Sachverhalt hat zu vielen Missverständnissen und politischen Blockaden geführt. Inzwischen kann dieser Gegensatz grundsätzlich als überwunden gelten. Dazu kam es nicht durch zwanglos erworbene höhere Einsicht, sondern durch einen schmerzhaften historischen Lernprozess. Dieser Beitrag beleuchtet das insgesamt spannungsvolle Verhältnis zwischen christlichem und liberalem Freiheitsverständnis am Beispiel der Wissenschaftsfreiheit, deren Grenzen gegenwärtig rege diskutiert werden. Ausgangspunkt ist der Reformator Martin Luther (1483-1546), der den Begriff der Christlichen Freiheit geprägt hat (vgl. Ohst 2005). Damit hat er nicht nur einen wesentlichen Beitrag zur neuzeitlichen Freiheitsgeschichte geleistet (vgl. von Scheliha 2002), sondern ihn auch direkt mit der Wissenschaftsfreiheit verknüpft.

I. Die innere Affinität von Christlicher Freiheit und wissenschaftlicher Forschung

1.

Bekanntlich beginnt Luther seine Freiheitsschrift mit der paradoxen Doppelthese: „1. Ein Christenmensch ist ein ganz freier Herr über alle Dinge und niemand untertan; 2. Ein Christenmensch ist ein ganz dienstbarer Knecht aller Dinge und jedermann untertan" (Luther 1983, 41).

Mit der *ersten* These zielt Luther auf den „innerlichen Menschen", unser Herz, Gewissen oder, wie Luther formuliert, unsere geistliche Natur. In diesem Bereich wissen Christen sich frei von allen Versuchen zur Selbsterlösung und Selbstrechtfertigung, zu denen Selbstliebe und Selbstbehauptungswille treiben. Die Freiheit, um die es Luther geht, ist die Freiheit davon, den Wert des Lebens an seiner Eigenleistung, seinen Erfolgen und Misserfolgen messen zu müssen. Gegen solche im Kern vergeblichen Anstrengungen wendet Luther die von ihm entdeckte religiöse Idee von der Rechtfertigung des Sünders allein durch Glauben: Gott spricht uns frei, indem er uns Christi Gerechtigkeit zurechnet, so dass wir uns im Kern unserer Persönlichkeit als erlöst und befreit angeschaut finden.

Den Vollzug dieser Einsicht beschreibt Luther im mystischen Bild des Brautlagers. Im Glauben verhalten sich Seele und Christus wie Braut und Bräutigam. Sie lagern beieinander, vereinigen sich und treten in Gütergemeinschaft, „so dass sich die glaubende Seele alles dessen, was Christus hat, als ihres Eigentums rühmen kann, und Christus alles das zueigen annimmt, was die Seele hat" (Luther 1983, 48). *Wir* erhalten Christi Sündlosigkeit und Gerechtigkeit und werden von unseren Sünden frei, während *er* unsere Sünde auf sich nimmt. Auf dem Brautlager der Seele mit Christus wird „der innere Mensch … Gott gleichförmig" (Luther 1983, 55). Wir erhalten, wie Luther auch formuliert, unsere Würde (vgl. Luther 1983, 51).

Mögen für die moderne Vorstellungskraft die von Luther veranschlagten Faktoren des Zustandekommens der christlichen Freiheit fremd klingen, so kann man doch festhalten, dass für Luther Freiheit ein Relationsbegriff ist. Freiheit ist keine ontologische Qualität. Frei sind wir nicht von Natur aus, sondern Freiheit wird uns verheißen. Sie wird uns von Gott zugeschrieben, von uns angeeignet und reflexiv aufgebaut. Darin besteht die „Subjektivität des Glaubens" (Barth 2004a), von der wir uns nicht entlasten können, und in der die Existentialität des Heils und die Existentialität des Aneignungsvollzuges einander genau entsprechen.

Zur Charakterisierung der Freiheit im Glauben greift Luther zwei Begriffe auf, die er in kritischer Absicht gegen das autoritäre Herrschaftssystem der damaligen Zeit wendet. Der „inwendige Mensch" benötigt für seine Freiheit weder einen Priester noch einen König, vielmehr ist er beides selbst, weil durch die Gütergemeinschaft das König- und Priestertum Christi auf uns übergeht – und nicht auf die gesellschaftlichen Institutionen. Der Einzelne hat die *priesterliche* Vollmacht, sich im Gebet unmittelbar an Gott zu wenden. Auch die Verkündigung des Wortes Gottes ist kein Privileg der Kirche. Vielmehr kann *jeder* Christ anderen den Trost des Evangeliums vollgültig vermitteln. Die gleiche Autonomie formuliert Luther auch im Blick auf die *weltliche* Obrigkeit. Sie verliert den Anspruch auf das Gewissen. Hier sind wir souverän, „die freiesten Könige über alle Dinge" (Luther 1983, 52). Über den „inwendigen Menschen" herrschen weder Regierung noch die Political Correctness der Öffentlichkeit, sondern die uns von Gott eingestiftete Selbstbestimmung. Soweit zur *ersten* These.

Mit der *zweiten* These wendet sich Luther dem äußeren Menschen zu. „Ein Christenmensch ist ein ganz dienstbarer Knecht aller Dinge und jedermann untertan". Luther bearbeitet hier die – tiefer liegende, anthropologische – Einsicht der Verknüpftheit des „inneren Menschen" mit dem „äußeren": mit seinem Leib, mit seinem „Fleisch", mit der Gesellschaft. Die Erfahrung sagt uns, dass der Leib seinen eigenen Bedürfnissen und Zwecken folgt. Das äußere Leben will sich des Personenzentrums bemächtigen und Gleiches tun die Menschen im sozialen Umfeld, die Unfrieden stiften. Luther sagt daher, dass er den äußeren Menschen von innen her regiert wissen will. Ganz frei sind wir erst, wenn wir aus uns selbst schöpfen und den Leib in die Zucht nehmen. Das beste Zuchtmittel dafür ist der Beruf, wie Luther mit dem Verweis auf Adam und Eva ausführt. Denn auch im Paradies wurde gearbeitet! Und diese Arbeit soll zum Wohl des Nächsten zu Gut ausgeführt werden. Mit der

Formel vom „Knecht" drückt Luther die sittliche Bestimmung zur Selbstbindung der Freiheit an den Nächsten aus.

Diese Nächstenliebe braucht nicht nur personal gelebt, sie kann auch institutionell umgesetzt werden. So kann sich der Christ zum Beispiel in den Dienst der Obrigkeit stellen. „Da ist das andere Stück, dass du dem Schwert zu dienen schuldig bist und es fördern sollst, womit du kannst, es sei mit Leib, Gut, Ehre und Seele. Denn es ist ein Werk, dessen du (zwar) nicht bedarfst, das aber aller Welt und deinem Nächsten ganz von Nutzen und nötig ist. Du solltest, wenn du sähest, dass es am Henker, Büttel, Richter, Herrn oder Fürsten mangelte, und du dich geschickt dazu fändest, dich dazu erbieten und dich darum bewerben, auf dass ja die notwendige Gewalt nicht verachtet und matt würde oder unterginge" (Luther 1967, 20). Die Übernahme politischer Verantwortung mit dem Ziel der Sicherstellung der öffentlichen Ordnung gehört zu den sittlichen Pflichten des Christen.

Daneben wird öffentliche Verantwortung auch in den gesellschaftlichen Ständen, die sich gewissermaßen zwischen Obrigkeit und Kirche etablieren, übernommen werden, insbesondere im *status oeconomicus*, in der Ehe und Großfamilie. So gehört die Mitwirkung an der Regeneration des Volkes, an der Erziehung der Kinder und an der Beschaffung der materiellen Lebensmittel (Eigentumsbildung) zu den sittlichen Pflichten des Christen. Hier zeigt sich die Weltzugewandtheit des reformatorischen Christentumsverständnisses, was die Einsicht einschließt, dass dieser Bereich des sozialen Miteinander nicht einfach als pejorativ „sündig" bezeichnet werden kann. Vielmehr verwirklicht sich hier das göttliche Freiheitsleben im Diesseits der Welt (vgl. Dierken 1998).

Zu den obrigkeitlichen Pflichten rechnet Luther auch die Pflege der Bildungsinstitutionen.

„Ich halt aber / das auch die oberkeit hie schuldig sey die unterthanen zü zwingen / yhre kinder zur schulen zu halten ... Denn sie ist werlich schuldig / die obgesagten empter und stende zu erhalten / das prediger / Juristen / Pfarher / Schreiber /

Erzte / Schulmeister und der gleichen bleiben / Denn man kann der nicht emperen" (Luther 1530, 586).

Die Schulpflicht (für Jungen) zur Bildung des natürlichen Menschen und zur systematischen Ausbildung der Führungseliten in Verwaltung und Kirche gehört in Luthers Verständnis der Obrigkeit hinein. Das bedeutet auch, dass die Wissenschaftler und Lehrer, die in den Universitäten und Schulen arbeiten, einem Beruf nachgehen, der wie alle Berufe religiös gerechtfertigt und sittlich geboten ist. Hier haben wir das erste Motiv für die innere Verbindung von christlicher Freiheit und wissenschaftlicher Forschung.

Das zweite Motiv hängt mit dem von Luther für sein Freiheitsverständnis veranschlagten Schriftprinzip zusammen. Er bringt es gegen Anspruch des kirchlichen Lehramtes zur Geltung und es birgt den Keim zur freien Entfaltung des wissenschaftlichen Geistes. Denn entgegen der dogmatischen Schriftinterpretation der Kirche gilt für Martin Luther der historische Schriftsinn als Grundlage des christlichen Denkens und christlichen Handelns. Luther war aber klar, dass der historische Schriftsinn gar nicht offen zu Tage liegt, sondern kritisch rekonstruiert werden muss. Daher mobilisiert Luther das Erbe des Humanismus und greift auf die damals neuen Möglichkeiten zurück, mit Hilfe der Vernunft die älteste und damit originale Überlieferung der Heiligen Schriften des Alten und des Neuen Testaments zu erschließen. So fußt Luthers Bibelübersetzung auf den hebräischen bzw. griechischen Originalsprachen der biblischen Überlieferung. Deshalb wird die philologische Sachkritik zu einem Thema der theologischen Wissenschaft. Die historisch-kritische Erforschung der Heiligen Schrift ist also religiös motiviert und theologisch begründet. Darum haben sich die Bibelkritiker der Aufklärungsepoche immer als legitime Sachwalter reformatorischer Einsichten gefühlt.

Philipp Melanchthon (1497-1560) ist es dann gewesen, der den engen Zusammenhang von reformatorischem Glaubensverständnis und Wissenschaft programmatisch ausgeführt und wissenschaftsorganisatorisch umgesetzt hat. Seine Wittenberger Universitätsreform ist Ausdruck eines Wissenschaftsverständnisses, bei dem Erkenntnisinteresse von Theologie mit dem Erkenntnisinteresse der historischen, philologischen und (im damaligen Sinn) naturwissenschaftlichen Fächer ineinander greifen.

„Für die geistige Bildung geradezu unentbehrlich ist die Geschichtsschreibung, auf die allein ich, wenn ich es wagte, fürwahr nicht ungern alle Lobreden häufen würde, die dem gesamten Kreis der Künste und Wissenschaften gebühren. ... Unter Philosophie verstehe ich ... eine zusammenfassende Bezeichnung für die Naturwissenschaft, die Sittenlehre und die anschaulichen Beispiele der Geschichte. Wer sich mit diesen in rechter Weise vertraut gemacht hat, der hat sich den Weg zum höchsten Bereich gebahnt. ... / ... Was aber die Theologie angeht, so ist es von größter Wichtigkeit, wie man für ihr Studium sich geistig zurüstet. Denn mehr als alle anderen Studiengebiete verlangt die Theologie tatsächlich ein Höchstmaß an Denkfähigkeit, intensiver Beschäftigung und Sorgfalt. ... Geführt vom Heiligen Geist, begleitet von der Ausbildung in unseren Künsten und Wissenschaften, ist es uns möglich, den Zugang zum Heiligen zu finden. ... Da also die theologischen [sic!] Schriften teils in Hebräisch, teils in Griechisch abgefasst sind ..., müssen wir fremde Sprachen lernen ... Erst anhand der Originaltexte werden sich uns die Worte mit ihrem Glanz und ihrer eigentlichen Bedeutung erschließen, und ... wird sich uns der wahre / und eigentliche Sinn des Buchstabens, nach dem wir auf der Suche waren, offenbaren. Sobald wir zum Verständnis des Buchstabens vorgedrungen sind, werden wir ein sicheres Beweismittel für die Dinge, um die es sich tatsächlich handelt, in die Hand bekommen. ... Und wenn wir unseren forschenden Geist ganz auf die Quellen gerichtet haben, werden wir anfangen, Christus zu begreifen, sein Auftrag wird uns klar werden, und wir werden von jener beglückenden Süße göttlicher Weisheit ganz erfüllt werden." (Melanchthon 1997, 56-58).

An diesem Zitat ist die enge Verbindung von theologischem Erkenntnisinteresse und vernünftiger Forschung, die alle vorhandenen Wissensbestände mobilisiert, gut zu erkennen. Geistige Bildung und wissenschaftliche Erkenntnis zielen darauf, die „beglückende Süße göttlicher Weisheit" zu genießen. Dieses Streben nährt sich aus einer Glaubensgewissheit, zu der eine letzte Einheit von menschlicher Vernunft und göttlicher Wirklichkeit gehört. Die Einheit bzw. das Ziel aller Wissenschaft wird durch die Theologie repräsentiert.

2.

Zu Beginn des 19. Jahrhunderts hat unter neuen Denkvoraussetzungen und wissenschaftsgeschichtlichen Bedingungen Friedrich Schleiermacher (1768-1834), der für die neuzeitliche Theologie schlechterdings entscheidende Theologe, die innere Affinität von christlicher Freiheit und wissenschaftlichem Trieb reformuliert.

> „Soll der Knoten der Geschichte so auseinander gehn? das Christenthum mit der Barbarei, und die Wissenschaft mit dem Unglauben?" (Schleiermacher 1990, 347).

Diese beiden rhetorischen Fragen geben die Motive Schleiermachers philosophischen und theologischen Denkens wieder, welches das Christentum und die moderne wissenschaftliche Kultur beieinander halten will. Schleiermacher hat diesem Programm auf unterschiedlichen Ebenen theoretisch und praktisch, d.h. wissenschaftspolitisch und -organisatorisch, Ausdruck verliehen. Schon in der Aufklärungsepoche war das vorneuzeitliche Verständnis der Theologie als *doctrina sacra* aufgegeben worden. Schleiermacher nun konzipiert die Theologie als funktionale („positive") Wissenschaft, die auf eine professionelle Deutung und Gestaltung einer gesellschaftlichen und institutionell geprägten Handlungssphäre bezogen ist („Kirchenleitung") und in ihren Fächern streng der Interdisziplinarität verpflichtet ist.

> „1. Die Theologie ist eine positive Wissenschaft, deren verschiedene Theile zu einem Ganzen nur verbunden sind durch die gemeinsame Beziehung auf eine bestimmte Religion; die der christlichen also auf das Christentum.
> 3. Die Theologie eignet nicht Allen, welche und sofern sie zur Kirche gehören, sondern nur welchen und sofern sie die Kirche leiten. Der Gegensatz zwischen solchen und der Masse und das Hervortreten der Theologie bedingen sich gegenseitig.
> 5. Die christliche Theologie ist der Inbegriff [sic!] derjenigen wissenschaftlichen Kenntnisse und Kunstregeln, ohne deren Anwendung ein christliches Kirchenregiment nicht möglich ist.

6. Dieselben Kenntnisse ohne diese Beziehung hören auf theologische zu sein, und fallen jede einer andern Wissenschaft anheim" (Schleiermacher 1998a, 249f).

Diesen interdisziplinären Ansatz hat Schleiermacher selbst konsequent umgesetzt und in der Philosophie den Zusammenhang mit den systematisch-theologischen Fächern hergestellt und mittels der Hermeneutik die biblische Exegese mit den Standards der philologischen Fächer verbunden. Während der Zeit der Preußischen Reformen wirkte Schleiermacher als Staatsrat in der Unterrichtsabteilung des Kultusministeriums an der Entwicklung eines modernen Bildungswesens mit. Als Gründungsdekan hat er die Theologische Fakultät der neuen Berliner Universität aufgebaut. Als deren Rektor wirkte er 1815/16. Die Idee der Interdisziplinarität hat Schleiermacher insbesondere in seiner Funktion als Mitglied und Sekretär der Preußischen Akademie der Wissenschaften vertreten und verteidigen können. Schon in seiner Antrittsrede weist er die Dominanzansprüche *einer* Wissenschaft zurück.

„Alles was Wissenschaft zu heißen verdient zu einem Ganzen vereinigend muss eine Academie notwendig den Glauben in sich ruhen haben an einen ... Mittelpunkt aller Erkenntnis wie die Philosophie ihn darstellen soll weil ohne ihn ein Ganzes der Wissenschaften nur ein leerer Schein wäre oder irgend einem Zweck des geschäftigen Lebens untergeordnet; aber zugleich | eine Reihe von Geschlechtern zu Einem zusammenhängenden wissenschaftlichen Leben verknüpfend darf nichts, was nur eine bestimmte Gegenwart erfüllt, sich ihrer ausschließend bemächtigen [sic!]" (Schleiermacher 2002, 5).

Aus diesem Zitat geht hervor, dass die Einheit der Wissenschaften – anders als es noch bei Melanchthon der Fall war – nicht mehr *inhaltlich* bestimmt werden kann. Zwar muss es einen einheitlichen Begriff der Wissenschaft geben, den zu bestimmen die Aufgabe der Philosophie ist. Denn nur, wenn es ein einheitliches Selbstverständnis dessen gibt, was Wissenschaft ist und was sie leisten soll, ist ihre innere Unabhängigkeit (Freiheit) gesichert und ist sie gegen Vernutzung durch externe (ökonomische) Verwertungszusammenhänge („Zweck des geschäftigen Lebens") gefeit. Aber die Bestimmung dieses „Mittelpunktes aller Erkenntnis" darf nicht zu einer Dominanz *einer* Fachwissenschaft missbraucht werden. Es kann, wie Schleiermacher am Beispiel der Philosophie zeigt, keine wissenschaftliche Leitdisziplin geben, vielmehr sind *alle* fachwissenschaftlichen Einzelperspektiven grundsätzlich gleichberechtigt und frei in ihrem spezifischen Erkenntnisinteresse.

Diese Einsicht ist durchaus aktuell, weil es bis heute immer wieder Versuche gibt, eine Fachwissenschaft als Leitparadigma aufzubauen und inneruniversitär zu positionieren. Das gilt, nota bene, auch für die Theologie. Noch Karl Barths Verortung der Theologie in der Universität lebt von diesem Anspruch, wenn er schreibt, dass die Theologie als Wissenschaft eo ipso „Protest gegen jenen ... ‚heidnischen' allgemeinen Wissenschaftsbegriff" (Barth 1955, 9) darstellt und die Universität daran „erinnert ..., dass die quasi-religiöse Unbedingtheit ihrer Interpretation dieses Begriffs faktisch nicht unangefochten ist" (Barth 1955, 10). Theologie, so kann man Barths These zusammenfassen, ist im Verhältnis zu den anderen Wissenschaften institutionalisierte Ideologiekritik. Vom Thema und methodisch aber hat sie „nicht bei ihnen zu lernen" (Barth 1955, 6). Das ist das Gegenteil von Interdisziplinarität!

3.

Ein dritter Theologe, der den Zusammenhang von Glaube und Wissenschaftsfreiheit betont hat, ist Adolf von Harnack (1851-1930). Er zieht bereits eine wissenschaftsgeschichtliche Bilanz, die er bei Martin Luther beginnen lässt und schreibt:

„Luther hat nicht nur angefangen, die Erkenntnis der Wahrheit vom Machtspruch der Überlieferung zu befreien und damit eine reine Betrachtung der Geschichte zu ermöglichen, sondern er hat die Freiheit und Verantwortlichkeit des Arbeitenden verkündet. Er hat die Arbeitsgebiete getrennt und sie eben dadurch einzeln in ein helles Licht treten lassen. Er hat ferner das selbständige Recht jeder Berufsarbeit, und so auch der wissenschaftlichen, geltend gemacht." (Harnack 1904, 164).

Harnack betont die Einheit des religiösen und ethischen Motivs für die Freiheit der Wissenschaft, die aber unter der Bedingung von sozialer Differenzierung auch getrennt wirksam werden können. Denn nicht jeder Wissenschaftler muss selbst religiös sein, um den ethischen Sinn seiner Arbeit zu erkennen und ihm zu folgen. Als gesellschaftlich ausdifferenziertes Arbeitsgebiet ist die wissenschaftliche Forschung in sich moralisch wertvoll. In diesem Sinne hebt Harnack die Epoche der Preußischen Reformen und ihr Wissenschaftsprogramm positiv hervor, weil nach seiner Ansicht in ihr das menschliche Freiheitsstreben als Motor von Forschung und Bildung besonders deutlich hervorgetreten ist. Er schreibt:

„In diesen Männern hat Deutschland die zweite Epoche seiner Renaissance erlebt. Mit dem reinsten Eifer für die Wissenschaft verbanden sie ein starkes Gefühl, einen edlen Freiheitssinn und eine kräftige Überzeugung von der wesentlichen Einheit aller höheren Erkenntnisse. Von einer erhebenden Weltanschauung getragen, strebten sie danach, eben diese Anschauung durch ihre Arbeit zu erweitern und die befestigen" (Harnack [2]1906, 208).

In diesem Zitat greift Harnack auch das idealistische Motiv der Einheit aller Wissenschaften auf, um es dann selbst umzuformen. Denn für Harnack ist diese Einheit bereits zerbrochen. Die wissenschaftstheoretische und -praktische Ausdifferenzierung der Universität hat er bereits „im Rücken". Das gemeinsame Motiv aller Wissenschaften kann daher nur noch in der Intention identifiziert werden:

„Wie verschieden sich auch die wissenschaftlichen Epochen gestalten – im Grunde bleibt die Aufgabe immer dieselbe: den Sinn für die Wahrheit rein und lebendig zu erhalten und diese Welt, die uns gegeben ist als ein Kosmos von Kräften, nachzuschaffen als einen Kosmos von Gedanken." (Harnack [2]1906, 215).

Der idealistische Einheitsgedanke ist hier aufgegeben. Eine systematische Einheit aller Gegenstände und Methoden der Wissenschaften kann nicht mehr angegeben werden. An die Stelle der Einheit tritt das wissenschaftliche Ethos der Wahrheit. Sie verbürgt auch die Freiheit der Wissenschaft, denn durch die Verpflichtung auf die Wahrheit bleibt Wissenschaft frei von externer Bevormundung. In den Formulierungen Harnacks wird auch ein Stück Umformung des christlichen Denkens in der Neuzeit sichtbar. Denn der strenge Wahrheitsbezug des Wissenschaftlers ist nichts anderes als die auf das Gebiet der Wissenschaft übertragene Bindung des Menschen an Gott. Die „Welt, die uns gegeben ist", ist eine profane Wendung des Schöpfungsglaubens und bei dem sittlichen Auftrag, diese Welt „nachzuschaffen als einen Kosmos von Gedanken" handelt es sich um die konstruktivistische Umformung des Kulturauftrages nach Gen 1,27. So zeigt sich auch bei Harnack eine innere Einheit von religiösem und wissenschaftlichem Trieb. Die Verpflichtung auf die Wahrheit bildet nicht nur die Einheit der gesellschaftlichen Ausdifferenzierung von Religion und Wissenschaft, sondern auch der wissenschaftsinternen Ausdifferenzierungen in Geistes- und Naturwissenschaften und der wissenschaftsorganisatorischen Ausdifferenzierung von Universitäten und der außeruniversitären Grundlagenforschung in der Kaiser-Wilhelm-Gesellschaft, deren wesentlicher Motor Adolf von Harnack war (vgl. Harnack 1911b; Harnack 2001; von Scheliha 2003). Diesen Gedanken hat Harnack expressis verbis ausgesprochen:

> Auf „der höchsten Stufe ist die Frage nach der Religion die Frage nach dem Wirklichen und Wahren: alle Täuschungen, mit denen man sich selbst betrügt, über den Sinn und Wert des Lebens sollen wegfallen; der Kern des eigenen Wesens soll in seinen Tiefen erfasst werden und die Seele soll lediglich ihre eigenen Bedürfnisse und den ihr vorgezeichneten Weg zu ihrer Befriedigung erkennen. Das kann nur in vollster Freiheit geschehen. Jeder Zwang ist hier schon Vernichtung der Aufgabe selbst; jede Beugung unter die Lehren anderer und jeder Versuch, sich Gegebenes anzuquälen, ist ein Verrat an der eigenen / Religion. So sind höchste Religion und höchste Freiheit wahlverwandt; jene vermag nur in diesem Medium zu leben. Damit ist schon gesagt, dass zwischen der Religion ... und der freien Forschung niemals ein Konflikt entstehen kann; muss doch vielmehr die Religion über die Freiheit ebenso eifersüchtig wachen wie die Freiheit selbst! Ist sie Gewinn und Ausdruck des höchsten persönlichen Lebens, das immer ein freies ist, so würde sie die Bedingungen ihrer Existenz selbst untergraben, wenn sie nicht für alle Fragen der äußeren und inneren Erkenntnis eine schrankenlose Freiheit forderte. Die Sorge,

dass auch schweren Irrtümern Tor und Tür geöffnet wird, kann sie dabei wenig kümmern; denn der schwerste Irrtum ist die Meinung, man dürfe die Menschen nicht zu freier Selbstbesinnung rufen; dieser Irrtum aber ist hier abgetan. Alle übrigen Irrtümer korrigieren sich von selbst; denn die Wahrheit fürchtet nicht den Irrtum, sondern nur den Betrug und den Selbstbetrug. Ehrliche Irrtümer sind Stationen auf dem Wege der Erkenntnis; Bevormundungen, Verbote und Gebote aber müssen hier wie Täuschungen wirken, und nicht selten sind sie auch so gemeint. Schrankenlos aber muss Freiheit in Bezug auf Forschung und Erkenntnis sein ..." (Harnack 1911a, 270f).

Diese Formulierung zeigt, dass Glaube und Wissenschaft in innerer Verbindung zueinander stehen und sich wechselseitig nicht beschränken. Diese Beschränkung kann grundsätzlich nicht von außen auferlegt werden, sondern vollzieht sich von innen heraus, durch die Verpflichtung auf die Wahrheit. Damit macht Harnack ein genuines Motiv der Aufklärung fruchtbar. Denn die Pointe der Aufklärung besteht nach Immanuel Kant (1724-1804) darin, sich durch Gebrauch des eigenen Verstandes aus der Unmündigkeit zu befreien und durch vernünftige Selbstkritik zur autonomen Bestimmung der eigenen Grenzen zu gelangen (vgl. Kant 1968, 35). Freiheit, auch Wissenschaftsfreiheit, ist selbstkritisch begrenzte Freiheit.

II. Die Spannungen zwischen Christlicher Freiheit und liberaler Freiheit

Deutlich ist geworden, dass es aus der Perspektive der Christlichen Freiheit eine innere Affinität zur Wissenschafts- und Forschungsfreiheit gibt, die jeweils unterschiedlich begründet und ganz profan reformuliert werden kann, aber doch so umfassend ist, dass sie auch noch die Ausdifferenzierung der modernen Wissenschaften umgreift. In der Programmatik der institutionellen Umsetzung ihrer Einsichten gehen Melanchthon, Schleiermacher und Harnack ähnliche Wege. Denn sie weisen der von ihnen paternalistisch aufgefassten Obrigkeit die Aufgabe der Pflege von Kirche und Wissenschaft zu. Unter jeweils unterschiedlich akzentuierten sozialphilosophischen Grundannahmen kommen sie zu dem Ergebnis, dass es der weltlichen Obrigkeit zukommt, der umfassend verstandenen Freiheit in Institutionen gesellschaftliche und kulturelle Wirksamkeit zu verschaffen. Kirche und Universitäten sind diese Institutionen, die der Staat um der religiösen und wissenschaftlichen Freiheit willen einzurichten und zu unterhalten hat. Dabei wird die Staatsnähe von keinem der Protagonisten wirklich angestrebt. Es sei daran erinnert, dass das landesherrliche Kirchenregiment für die Reformatoren nur eine Notlösung darstellte. Schleiermacher hat als erster evangelischer Theologe von Rang die Trennung von Kirche und Staat theologisch und staatstheoretisch begründet und kirchenpolitisch verfochten. Harnack hat sich als Berater im Verfassungsausschuss der Nationalversammlung in Weimar 1919 an der Entflechtung von „Thron und Altar" und an der Entwicklung des bis heute gültigen Religionsverfassungsrechtes beteiligt (vgl. Wittekind 1999; von Scheliha 2007). Auch im Blick auf die Universitäten haben sich Schleiermacher und Harnack für ihre rechtlich-korporative Selbstständigkeit gegenüber dem Staat eingesetzt (vgl. Schleiermacher 1998b, 21-30; Harnack 1911b, 59-64). Aber trotz der institutionellen Selbstständigkeit ist es der Staat, der in seiner Fürsorge für das Gemeinwesen Freiheit auf den Gebieten der Religion und der Wissenschaft initiiert und garantiert.

Demgegenüber wird in der liberalen Freiheitsidee, wie immer ihr historisch-ideeller Konnex mit der christlichen Freiheitsidee zu rekonstruieren und zu verstehen ist (vgl. Jellinek 1919), die Freiheit als eine dem natürlichen Menschen zukommende Eigenschaft aufgefasst. Diese natürlichen Freiheiten werden in den Menschenrechten fixiert. Die Menschen treten in den Staatsverband ein unter der Bedingung, dass gleiche Rechte und Pflichten anerkannt werden und dass im Verhältnis des Einzelnen zum Staat eine größtmögliche Freiheit gewährleistet wird. Die Aufgabe des Staates wird, wie etwa bei dem Philosophen Robert Nozick, minimalisiert und auf die Herstellung äußerer und innerer Sicherheit für die Menschen beschränkt (vgl. Nozick 1974). Innerhalb dieses Staates beteiligen sich die Menschen an der politischen Steuerung von Gesellschaft und Staat, deren Ansprüche an den Einzelnen bei den Grundrechten enden. In diesem Sinne knüpft der Grundrechtkatalog des Grundgesetzes an den Traditionen des Liberalismus an, insbesondere bei der Glaubens- und Bekenntnisfreiheit, der Meinungs- und der Wissenschaftsfreiheit, die als Abwehrrechte dem Staat gegenüber zur Geltung gebracht werden (vgl. von Münch ^{3}1985, 2019). „Kunst und Wissenschaft, Forschung und Lehre sind frei." (Art. 5 (3) GG). Es handelt sich dabei um ein absolutes Grundrecht, das nicht unter Gesetzesvorbehalt steht.

Gegen dieses naturrechtliche oder liberale Freiheitsverständnis hegte man in der evangelischen Theologie bis weit in die Nachkriegszeit große Vorbehalte. Der prominenteste Kritiker der liberalen Freiheitsidee in der evangelischen Theologie des 20. Jahrhunderts ist Emanuel Hirsch, auf den hier kurz eingegangen werden soll (vgl. von Scheliha 2000). Seine Kritik am Liberalismus hat viele Gründe, von denen ich nur zwei anführen will, weil sie mit unserem Thema zusammenhängen.

Einmal macht Hirsch den Aspekt stark, dass Christliche Freiheit eine von Gott verliehene Freiheit ist, die dem Menschen gerade nicht von Natur aus zukommt, sondern im Glauben geschenkt wird. Sie sei ein Ereignis der humanen Innerlichkeit und missverstanden, wenn sie als äußere Freiheit aufgefasst wird. Beim liberalen Freiheitsverständnis habe man es mit einer Verdiesseitigung der Freiheit zu tun. Entsprechend setze die liberale Gesellschaftsordnung auf die Veräußerlichung des Individuellen und tendiere zur Vermarktung dessen, was zum inneren Kern der Persönlichkeitskultur gehört. Damit verstärke die demokratische Staatsform diejenigen Tendenzen, die Hirsch als Kehrseite des modernen Freiheitslebens identifiziert. Denn die auf der Basis von Vernunft und Freiheit verwirklichte allgemeine Rationalisierung der Lebensverhältnisse führe dazu, dass „in Staat und Wirtschaft alle zwischen dem großen Ganzen und dem Einzelnen schützend und hemmend stehenden reellen wie ideellen Gewalten beseitigt worden" (Hirsch 2004, 156) sind mit dem Ergebnis, dass der Zugriff der das moderne Leben bestimmenden Mächte wie Politik, Wissenschaft, Ökonomie, Technik und Bürokratie auf den Einzelnen viel stärker ist, als dies in früheren Jahrhunderten der Fall war. Der Einzelne, durch das reformatorische Prinzip der Freiheit soeben erst in seiner Würde erkannt, verfalle im Liberalismus wieder der Dialektik der Aufklärung. Denn durch die Auflösung der traditionalen Gesellschaftsstrukturen werde der Einzelne in eine Überlastungskrise gestürzt, die im Ergebnis zu einer durchgreifenden Depersonalisierung des menschlichen Existenzvollzuges führt. Die allgemeine Versachlichung aller Lebensbezüge bewirke einen tief greifenden Verlust der Persönlichkeitskultur und des Seelenlebens.

Damit ist der zweite Grund bereits erreicht. In der natürlichen Freiheit und den darauf aufruhenden Staatskonzepten sei der Gemeinschaftsbezug der Freiheit nicht gewährleistet. Das liberale Menschenrechts- und Freiheitsdenken laufe Gefahr, durch die Gewährung individueller Freiheiten jedweden gesellschaftlichen Zusammenhang zu zerstören und Ökonomie und Wissenschaft jeder religiösen und politischen Kontrolle zu entziehen.

Dagegen setzt Hirsch eine revitalisierte Form von Luthers Freiheitsverständnis, von dem er der Auffassung ist, dass es die Probleme des liberalen Freiheitsverständnisses löst. Freiheit bedeutet für ihn, „dass unser eignes Leben sich nach Art und Ursprung mit dem Leben des Ganzen, dem es zu Pflicht und Dienst eingegliedert ist, Eines wissen darf und ihm darum mit der innern Freiwilligkeit des Ehrbewusstseins gehört" (Hirsch 2004, 171). Hirsch kombiniert hier eine am Volksgedanken orientierte, organologische Sozialidee mit einem an Kant und Fichte orientierten Freiheitsverständnis. Der Gedanke des Volkes bietet der Freiheit einen Rahmen, der es erlaubt, innerliche Freiheit und Selbstbestimmung zum Dienst am Nächsten miteinander zu verknüpfen. Innerhalb des Volkes wird im Wechselspiel zwischen der besonderen Stellung, die dem Individuum im Volkskörper zukommt und der Art und Weise, wie der Einzelne diese Stellung im Ganzen als ihm von Gott angewiesenen

Ort reflektiert, Individualität ausgeprägt. In dieser Reflexionsspannung besteht sein „innrer Eigenstand" (Hirsch 2004, 174). Die persönliche Freiheit bedeutet, die eigene Stellung im Volk anzuerkennen und das eigene Leben von hier aus zu bestimmen.

Man sieht, dass Hirsch die Grundeinsichten von Luthers Freiheitsbegriff, nämlich Freiheit und Gleichheit, nicht wie im liberalen Freiheitsverständnis als Merkmal des natürlichen und gesellschaftlichen Wesens denkt, sondern als spirituelle Aspekte des Gottesverhältnisses auffasst. Dadurch wird die gesellschaftliche Ungleichheit einerseits begründet, diese andererseits von der Persönlichkeit selbst noch einmal unterschieden. Hirsch glaubte, dass diese rein geistige Interpretation der Freiheit dem Freiheitsverständnis gegenüber überlegen ist, weil Freiheit für ihn durch Reflexion aufgebaut wird und nur das Gottesverhältnis als unveräußerlich gesichert gelten kann. Durch seine ideelle und reale Bindung an den Volksorganismus erhält sie einen positiven Gehalt und kann auf diese Weise der Überlastungskrise der neuzeitlichen Persönlichkeit entgegenwirken.

Entsprechend wird auch die Wissenschaftsfreiheit in diesem Konzept auf die Bedürfnisse der Volksgemeinschaft zurück bezogen und darauf beschränkt. Hirsch schreibt im Jahre 1934:

„Demgemäß erkennen wir auch keinen Wissenstrieb oder Kunsttrieb an, die vom Ursprung und damit von der Ganzheit unsers gemeinsamen Lebens abgeschnürt sich auswüchsen nach eignen dämonischen Gesetzen: nur ein Wissen und eine Kunst sind gesegnet, die der Grenze eingewiesen sich wissen ... Gewiss ist Wissen an die Logik des Wissens gebunden, und Kunst an die wahrhaftige Schau und Gestaltung. Aber wenn sie wurzelhaft lebendig sind, so brechen in ihnen Urgründe des Bluts und der Art der Menschlichkeit, in der sie sich vollziehen, ans Licht, und von daher waltet in ihnen eine Geistigkeit, die sie dem bestimmt gestalteten volkhaften Nomos als dessen Glied und Entfaltung zuordnet." (Hirsch 1934, 37).

Die Wissenschaftsfreiheit wird hier in diesem geschichtstheologisch begründeten Gedankengang zurück bezogen und begrenzt auf die Bedürfnisse der Größe „Volk" und damit faktisch eingeschränkt und funktionalisiert. Solche und ähnliche Gedanken haben dazu beigetragen, die nationalsozialistische Hochschul- und Wissenschaftspolitik zu legitimieren, einschließlich all ihrer menschenverachtenden Gräueltaten.

Christoph Enders hat darauf hingewiesen, dass unser Grundgesetz mit der Sonderstellung des Satzes von der Menschenwürde wesentlich als Ergebnis der geistigen Verarbeitung der nationalsozialistischen Zeit und ihrer Gräuel zu verstehen ist (vgl. Enders 2005a). Dazu gehört auch, dass die liberale Freiheitstradition mit dem christlich geprägten Freiheitsverständnis zusammengeführt und dass diese miteinander ausgeglichen werden. Als Vorform kann man schon den Grundrechtskatalog der Weimarer Reichsverfassung auffassen (vgl. von Scheliha 2005). Maßgeblicher Protagonist einer solchen „Kultursynthese" (Troeltsch 2002, 508) und der theologischen Abkehr vom „deutschen Sonderweg" war in der Weimarer Republik Ernst Troeltsch gewesen, der freilich in der Minderheit geblieben war, weil man mehrheitlich die Weimarer Reichsverfassung ablehnte und dem paternalistischen Staatsverständnis anhing. Erst unter dem Eindruck der Erfolgsgeschichte des Bonner Grundgesetzes hat man kirchenamtlich den demokratischen Staat des Grundgesetzes und das von ihm vorausgesetzte Menschenbild anerkannt und in der sog. Demokratie-Denkschrift von 1985 eine Konvergenz von liberalem Freiheitsverständnis und der christlichen Freiheitsidee theologisch festgestellt (vgl. EKD, 1985). Dies gilt auch für die Wissenschaftsfreiheit des Artikels 5 GG. Dem kam entgegen, dass man in der Rechtsprechung die individualrechtliche Deutung von Art. 5 (3) des Grundgesetzes durch die Anwendung des Sozialstaatsgrundsatzes ergänzt sowie durch den Partizipationsgedanken stark gemacht hat (vgl. Stock ^{2}1975, 2975f). Dadurch wurde der politische und auf die Gesamtgesellschaft bezogene Steuerungsbedarf des Wissenschaftssystems anerkannt und rechtlich durchgesetzt. Auf dieser Basis verlaufen nun die aktuellen Diskurse über die Grenzen und die Verantwortung der Wissenschaften ab, auf die nun eingegangen werden soll.

III. Wissenschaftsethische Aspekte des Spannungsverhältnisses von Christlicher und liberaler Freiheit

Gegen eine schrankenlose Forschungsfreiheit werden gegenwärtig mit Nachdruck moralische Argumente vorgebracht, die eine Beschränkung dieser Freiheit begründen wollen. Dafür gibt es viele Gründe, unter anderem die Vergegenwärtigung der Risiken und Nebenwirkungen der wissenschaftlich-technischen Kultur. Das soll hier aber nicht vertieft werden. Für den hiesigen Zusammenhang ist der Sachverhalt wichtiger, dass die liberale Interpretation der Wissenschaftsfreiheit ein hohes Maß an Wissenschaftspluralismus freigesetzt hat. Zu ihm gehört, dass die Forschung zu nicht geringen Anteilen aus der Obhut des Staates ausgewandert ist und umfangreich als privat finanzierte Zweckforschung betrieben wird, sowohl als Grundlagenforschung als auch als angewandte Forschung. Selbst der Staat betrachtet den von ihm finanzierten Wissenschaftsbetrieb zunehmend unter ökonomischen Gesichtspunkten und bemisst den eigenen finanziellen Input nach dem evaluierbaren relevanz- und anwendungsorientierten Output der Hochschulen. Dadurch treten die einstmals vorausgesetzte Selbstbindung der Freiheit und die moralische Wahrheitsbindung der Wissenschaft in den Hintergrund. Auch das Motiv einer intrinsisch motivierten Selbstbegrenzung der Forschungsfreiheit kann angesichts der auf ökonomische Verwertung zielenden Außenanreize immer schwerer greifen. Weil die einem radikalliberalen Verständnis der Forschungsfreiheit folgende Verzweckung der Forschung keine inneren Grenzen aufweist, ist es verständlich, dass die Grenzen der Wissenschaftsfreiheit politisch ausgemittelt und rechtlich verankert werden müssen. Dabei spielt der Satz von der Menschenwürde nach Art. 1 GG eine wesentliche Rolle. Zu Recht wurde jüngst festgestellt, dass die Wissenschaftsethik „zu einem Hauptanwendungsfeld des Satzes von der Menschenwürde geworden ist" (Enders 2005b, RN 129).

In den gegenwärtigen Diskursen um die wissenschaftsethische Auslegung der Menschenwürde erheben daher auch viele Theologen und Kirchenvertreter in forschungskritischer Absicht ihre Stimme, um mit dem Verweis auf den Schutz der Menschenwürde nicht nur an die Verantwortungsethik der Wissenschaftler zu appellieren, sondern auch um den Staat zu einer ordnungspolitischen Einfriedung der Wissenschaft zu ermuntern. Exemplarisch lässt sich dies an der Göttinger Universitätsrede von Bischof Wolfgang Huber aus dem Jahre 2005 ablesen. Einerseits bekennt er sich darin ausdrücklich zu der „Verbindung von Forschung und Freiheit" (Huber 2006, 173) und zu einem aufgeklärten Ethos wissenschaftlicher Selbstbegrenzung, die als Verantwortungsethik bezeichnet wird. In den gegenwärtigen Begriff der Verantwortung sind die am Nächsten orientierte Freiheit und die Wahrheitsbindung der klassischen Wissenschaftsethiken eingegangen. So spricht Huber auch im Anschluss an Max Weber von der „Selbstbegrenzung als Teil wissenschaftlicher Professionalität" (Huber 2006, 179). Sie sei zunächst Aufgabe des einzelnen Wissenschaftlers (erste Ebene) und der korporativen Verantwortung einer Universität bzw. Forschungseinrichtung (zweite Ebene). Andererseits sei es aber naiv darauf zu vertrauen, dass diese kritische Selbstbegrenzung angesichts der vielen Außensteuerungen funktionieren könne. Daher benötige man zusätzlich „verabredete und institutionalisierte Grenzziehungen" (Huber 2006, 179). Denn es gelte: „Wie alles menschliche Handeln so muss es sich auch die Forschung gefallen lassen, dass ihr von außen Grenzen gesetzt und damit, wenn man es so nennen will, Fesseln angelegt werden" (Huber 2006, 179). Die dafür notwendigen gesellschaftlichen Diskurse sind nach Hubers Vorschlag von den Ethikräten zu führen (dritte Ebene). So tritt Huber für die Weiterexistenz des Nationalen Ethikrates ein, der die Meinungsbildung vollziehen und Vorschläge zur rechtlichen Gestaltung der Grenzen der Wissenschaftsfreiheit ziehen soll.[1]

---

1 Der Theologie misst Huber dabei eine besondere Rolle zu. Anknüpfend an die auch oben deutlich gemachte Tradition fungiert die Theologie an der Universität als „Anwältin der Wahrheit" (Huber 2006, 176) und der Freiheit.

An den Formulierungen „von außen Grenzen setzen" und „Fesseln anlegen" zeigen sich aber nun Reste desjenigen obrigkeitlichen Paternalismus der lutherischen Tradition, der der Aufgabe der Ordnungsstiftung Priorität vor der liberalen Gewährung von Freiheit zumisst. Denn der Rekurs auf den Verfassungsrang der Menschenwürde hat nämlich in der hier präsentierten Argumentation vor allem die Funktion, den staatlichen Schutzauftrag zu betonen und die eigenen restriktiven wissenschaftspolitischen Positionen als alternativlos vorzustellen. Dass aber Auslegung und Zuschreibung der Menschenwürde durchaus strittig sind, wird dabei leicht unterschlagen. Christoph Enders hat in seiner Kommentierung des Art. 1 GG gezeigt, dass die „einschlägigen Problemfälle der Bio- und Gentechnologie sowie der Fortpflanzungsmedizin ... verfassungsrechtlich nicht (vor-)entschieden [sind]. Sie einer rechtlichen Regelung zuzuführen, liegt in der eigenständigen Verantwortung des insofern von Schutzpflichten freien demokratischen Gesetzgebers." (Enders 2005b, RN 136). Daher kann in den Fällen, die (der hier exemplarisch herangezogene) Huber anführt, die Menschenwürde auch nach ihrer Freiheitsqualität verstanden werden, so dass die Lösungen der wissenschaftsethischen Probleme anders als Huber vor-

Aus der Stellung des Menschen in der Schöpfung ergibt sich, „dass wir uns um das Verstehen dieser von Gott geschaffenen Welt bemühen" (Huber 2006, 177). Zugleich ist in der Perspektive des Glaubens gegenwärtig, „dass die Wahrheit des Ganzen stets größer bleibt als die vom Menschen erkannte Wahrheit. ... Das gibt der menschlichen Wahrheitssuche einen kritischen und zwar vor allem selbstkritischen Sinn" (Huber 2006, 177). Huber spricht von „epistemische[r] Demut" (ebd.). Zwei weitere Aspekte kommen noch hinzu. Einmal wird ein Zweckgedanke eingeführt. Wissenschaftliche Forschung ist kein Selbstzweck, sondern ist am Nutzen des Nächsten orientiert. „Christliche Ethik bejaht die Orientierung der Wissenschaft an den Aufgaben des Heilens und Helfens" (Huber 2006, 177). Und schließlich: Der Glaube weiß um „Verführbarkeit des Menschen" (Huber 2006, 177), um die damit gegebene Möglichkeit, die guten Möglichkeiten in ihr Gegenteil zu verkehren und um die missbräuchlichen Vernutzungen der Resultate wissenschaftlicher Forschung.

schlägt ausfallen können. An zwei Beispielen, die Huber selbst anführt, soll das deutlich werden.

Einmal, so Huber, sei im Zusammenhang der Reproduktionsmedizin die Einsicht zur Geltung zu bringen, „dass ... das entstehende menschliche Leben vom frühest möglichen Zeitpunkt an Schutz und Fürsorge verdient ... Dieser frühest mögliche Zeitpunkt ... ist mit der Verschmelzung von Eizelle und Samenzelle und nicht erst mit der Nidation gegeben. Mit dieser Verschmelzung beginnt ein Mensch zu werden, dem Potentialität, Kontinuität und Individualität eignen." (Huber 2006, 175). Damit wird ein deutliches „Nein" zur Embryonenforschung ausgesprochen.

Das zweite Beispiel betrifft die Präimplantationsdiagnostik. Sie sei zu verwerfen, weil hier der Mensch zum „Objekt von Optimierungsbemühungen gemacht" (Huber 2006, 176) werde, was der Menschenwürde und damit dem christlichen Menschenbild widerstreite. „Deshalb wird sich christliche Ethik stets dafür einsetzen, dass zu wissenschaftlichen Vorgehensweisen, die wegen der Gefahr der Verdinglichung des Menschen problematisch sind, Alternativen gesucht werden" (Huber 2006, 177).

So zutreffend und im Ansatz alternativlos der Rekurs auf die Menschenwürde in diesem Zusammenhang ist, so sehr zeigt sich doch, dass hier eine verkürzte und einseitige Auslegung vorliegt. Dazu zwei Anmerkungen:

Die erste betrifft das Potenzialitätsargument. Es gibt gute Gründe, einem Embryo das Potenzial für eine leibseelische Existenz, für Vernunft und damit für ein Leben in Freiheit zuzuschreiben. Er kann dieses Potenzial freilich nur entfalten, wenn dafür die entsprechenden Rahmenbedingungen gegeben sind. Die biologischen Rahmenbedingungen sind während des vorgeburtlichen Lebens erst *nach* der Nidation gegeben. Für die Zeit nach der *Geburt* sind bestimmte soziale und materiale Rahmenbedingungen erforderlich. Der Staat hat die Pflicht, für diese sozialen und materialen Rahmenbedingungen einzutreten bzw. sie herzustellen. Eine Pflicht des Staates, diese Bedingungen bereits für das vorgeburtliche Leben herzustellen, zu garantieren und durchzusetzen, kann aus dem Satz von der Menschenwürde dagegen nicht abgeleitet werden (vgl. Enders 2005, 317f). Erst recht kann der Staat nicht für die Ausbildung von Individualität einstehen. Wenn das Potenzialitätsargument angebracht wird, dann kann es nur auf die Vernünftigkeit und Selbstzweckhaftigkeit des Embryonen bezogen werden, nicht aber auf seine Individualität. Denn Individualität ist von der formalen Struktur vernünftige Selbstbestimmung, die die Würde begründet, kategorial und der Sache nach zu unterscheiden (vgl. Barth 2004b, 291-294). Die Bildung zur Individualität ist (lebenslange) Aufgabe der freiheitlichen Selbstbestimmung und geschieht auf der Basis freier Kommunikation in gesellschaftlicher Interaktion. Diese Aufgabe kann nicht von außen dirigiert werden. Wer keine Individualität ausprägen will, sondern so bleiben will, wie er ist oder bloß das Leben Anderer kopiert – der kann daran nicht gehindert werden. Insofern ist es verfehlt und reine Rhetorik, wenn das Potenzialitäts-Argument bis zur Individualität des Menschen hochgezont wird. Der Embryo-in-vitro ist eben kein Individuum. Er hat auch das Potenzial dazu nicht, sondern müsste sich dieses erst erschließen – durch einen Akt freiheitlicher Selbstbestimmung, auf den er grundsätzlich angelegt ist und innerhalb eines Sozialzusammenhanges, in den er erst eintreten muss.

Die zweite Anmerkung betrifft die „Objekt-Formel". Dazu ist kurz an die zweite Fassung des Kategorischen Imperativs zu erinnern. In seiner Schrift „Grundlegung zur Metaphysik der Sitten" heißt es: „Handle so, dass du die Menschheit, sowohl in deiner Person als in der Person eines jeden anderen, jederzeit zugleich als Zweck, niemals bloß als Mittel brauchst" (Kant 1965, 52). Es kommt hier auf die Formulierung „niemals *bloß* als Mittel" an. Kant war weise genug um nicht zu sehen, dass die zwischenmenschlichen Beziehungen nicht auch durch Instrumentalisierungen gekennzeichnet sind. Das ganze Marktgeschehen wäre anders gar nicht denkbar. Auch in der Wissenschaft haben wir es stets und andauernd mit „Verdinglichung" des Menschen zu tun. Dies gilt auch in den Geisteswissenschaften, denn der Vorgang des historischen Verstehens funktioniert nur so, dass ich das Individuelle einer historischen Person oder Konstellation vor dem Hintergrund des geschichtlich und menschlich Allgemeinen betrachte. Entscheidend ist, dass die Situation bestimmt wird, in der der Mensch „bloß als Mittel" zu stehen kommt, also *vollständig* instrumentalisiert wird, indem etwa sein Wille gebrochen wird und ihm keinerlei Selbstbestimmung mehr gestattet wird. Nun haben Embryonen-in-vitro *von Natur aus* deshalb kein Potenzial zur Selbstbestimmung, schon deshalb nicht, weil sie selbst keine „natürlichen Gegebenheiten" sind, sondern nur auf der Basis wissenschaftlich gestützter Technik vorkommen. Wenn ihnen aber Potenzial zur Selbstbestimmung zugemessen wird, so handelt es sich um eine Zuschreibung aus ethischen und politischen Gründen, die grundsätzlich jedoch auch anders ausfallen könnte. – Gibt es bei Embryonen-in-vitro also gar kein *naturgegebenes* Selbstbestimmungspotenzial, so stellt sich der Sachverhalt bei der Keimbahntherapie umgekehrt dar. Denn eine gentechnologisch bewirkte „Herbeiführung gewünschter Eigenschaften" (Huber 2006, 176) macht den später Geborenen, der nun über die gewünschten blonden Haare, blauen Augen und eng anliegenden Ohren verfügt, nicht zu einem *bloßen* Objekt, weil man ihn weder daran hindert noch davon entlastet, sein Leben selbstbestimmt zu führen und durch soziale Interaktion individuelle Identität aufzubauen. – Ebenso ist im Blick auf identische genetische Voraussetzungen zweier Menschen festzuhalten, dass auch sie auf Grund unterschiedlicher sozialer Orientierung eine andere Identität ausprägen werden, wie wir es bei eineiigen Zwillingen immer erleben. – Und schließlich fällt bei der ethischen Bewertung der Präimplantationsdiagnostik das allererst zuzuschreibende Potenzial zur Selbstbestimmung der Embryonen ebenso ins Gewicht wie die *reale* Selbstbestimmung der künftigen Eltern. Denn nüchtern betrachtet geht es bei dieser medizinischen Möglichkeit ja primär nicht darum zu selektieren. Ausgehend vom ärztlichen Verantwortungsethos besteht doch das Ziel darin, Paaren zu helfen, die unter Kinderlosigkeit leiden und ihnen die Möglichkeit zu geben, ihre Selbstbestimmung, die darin besteht, Eltern werden zu wollen, zu unterstützen, ohne sie dabei in schwierigste Konfliktlagen zu stürzen.

Ich komme zum Schluss. Klar ist, dass im Rahmen dieses wissenschaftsethisch umstrittenen und sachlich hoch komplexen Feldes jede Grenzziehung schwierig ist. Aber die Lösungen, die getroffen werden, sind alles andere als evident und unstrittig. Verbale Tabuisierungen helfen nicht weiter. Aus der Perspektive der Christlichen Freiheit können keine apriorischen Vorentscheidungen dafür abgeleitet werden, in der Biomedizin die naturalen Grundlagen des Menschseins mit der Würde des Menschen gleichzusetzen. Vielmehr sollten naturalistische Fehlschlüsse vermieden werden, wenn es darum geht, Freiheit und ihre Grenzen zu bestimmen. Ich vermute, dass hier der für unser Thema bleibend aktuelle Gehalt des Christlichen im Vergleich zum liberalen Freiheitsverständnis liegt. Sie erinnert uns daran, dass Freiheit nicht naturgegeben ist, sondern – wie Kant bis heute eindrucksvoll gezeigt hat – gegen die Natur errungen, verteidigt und durch geistige Prozesse zugerechnet werden muss. Dazu benötigt man anspruchsvolle und gerechte Verfahren, die der demokratische Rechtsstaat zur Verfügung stellt. Schon Immanuel Kant war der Auffassung, dass das Ringen um das richtige Verständnis der Freiheit nicht vergeblich ist. Dafür, so Kant, steht die Religion ein. Das, so möchte ich schließen, sagte aber nicht erst Kant, sondern vor ihm viele andere, darunter Friedrich Schleiermacher, Martin Luther und der Apostel Paulus.

Literatur

Barth, Karl (1955): Die kirchliche Dogmatik. 1. Band: Die Lehre vom Wort Gottes, Zollikon-Zürich.

Barth, Ulrich (2004a): Die Entdeckung der Subjektivität des Glaubens. Luthers Buß-, Schrift- und Gnadenverständnis, in: ders.: Aufgeklärter Protestantismus, Tübingen, 27-51.

Barth, Ulrich (2004b): Das Individualitätskonzept der ‚Monologen'. Schleiermachers ethischer Beitrag zur Romantik, in: ders.: Aufgeklärter Protestantismus, Tübingen, 291-327.

Dierken, Jörg (1998): Protestantisch-pantheistischer Geist. Individuelles religiöses Selbstbewusstsein als göttliches Freiheitsleben im Diesseits der Welt, in: Das protestantische Prinzip. Historische und systematische Studien zum Protestantismusbegriff, hg. von A. v. Scheliha und M. Schröder. Stuttgart, 219-248.

EKD (1985): Evangelische Kirche und freiheitliche Demokratie. Der Staat des Grundgesetzes als Angebot und Aufgabe, Hannover.

Enders, Christoph (2005a): Freiheit als Prinzip rechtlicher Ordnung – nach dem Grundgesetz und im Verhältnis zwischen den Staaten, in: Freiheit und Menschenwürde, hg. von Jörg Dierken und Arnulf von Scheliha, Tübingen, S. 295-320.

Enders, Christoph (2005b): Berliner Kommentar zum Grundgesetz Bd. 1, hg. von Karl Heinrich Friauf und Wolfram Höfling, Berlin, 13. Erg.-Lfg. VII/05.

Harnack, Adolf [von] (1904): Martin Luther in seiner Bedeutung für die Geschichte der Wissenschaft und der Bildung, in: Adolf [von] Harnack: Reden und Aufsätze. 1. Band. 1. Abteilung, Gießen, S. 141-169.

Harnack, Adolf [von] (^{2}1906): Die königlich-preußische Akademie der Wissenschaften, in: Adolf [von] Harnack: Reden und Aufsätze. 2. Band. 1. Abteilung, Gießen, S. 189-215.

Harnack, Adolf [von] (1911a): Religiöser Glaube und freie Forschung, in: Adolf [von] Harnack: Aus Wissenschaft und Leben. 1. Band, Gießen, S. 267-276.

Harnack, Adolf [von] (1911b): Zur kaiserlichen Botschaft vom 11. Oktober 1910: Begründung von Forschungsinstituten (1910), in: Adolf von Harnack: Aus Wissenschaft und Leben. 1. Band, Gießen, S. 39-64.

Harnack, Adolf [von] (2001): Theologe, Historiker und Wissenschaftspolitiker, hg. von Kurt Nowak und Otto-Gerhard Oexle, Göttingen.

Hirsch, Emanuel (1934): Die gegenwärtige geistige Lage im Spiegel philosophischer und theologischer Besinnung. Akademische Vorlesungen zum Verständnis des Deutschen Jahrs 1933, Göttingen.

Hirsch, Emanuel (2004): Das Wesen des Christentums (1939), neu herausgegeben und eingeleitet von Arnulf von Scheliha, Waltrop (Gesammelte Werke Band 19).

Huber, Wolfgang (2006): Wissenschaft verantworten. Überlegungen zur Ethik der Forschung, in: ZEE 50, S. 170-181.

Jellinek, Georg (^{3}1919): Die Erklärung der Menschen- und Bürgerrechte. Ein Beitrag zur modernen Verfassungsgeschichte. München.

Kant, Immanuel (1965): Grundlegung zur Metaphysik der Sitten, Hamburg.

Kant, Immanuel (1968): Beantwortung der Frage: Was ist Aufklärung?, in: Kants Werke. Akademie Textausgabe Bd. VIII: Abhandlungen nach 1781, Berlin, 33-42.

Loewenich, Walther von (1972): Luthers Stellung zur Obrigkeit, in: Luther und die Obrigkeit, hg. von Günther Wolf, Darmstadt, S. 425-442.

Luther, Martin (1530): Eine Predigt, das man Kinder zur Schulen halten solle, in: WA 30/II.

Luther, Martin (1967): Von weltlicher Obrigkeit (1923), in: Lutherdeutsch Bd. VII, hg. von Kurt Aland, Göttingen.

Luther, Martin (1983): Freiheit und Lebensgestaltung, übersetzt von K.-H. zur Mühlen, Göttingen, 40-74.

Melanchthon, Philipp (1997): Wittenberger Antrittsrede (De corrigendis adolescentiae studiis (1518)), in: Melanchthon Deutsch, hg. von Michael Beyer, Stefan Rhein, Günther Wartenberg. Bd. 1: Schule und Universität. Philosophie Geschichte und Politik, Leipzig, 41-63.

Münch, Ingo von: Liberalismus (^{3}1985), in: Evangelisches Staatslexikon, Stuttgart, Sp. 2006-2023.

Nozick, Robert (1974): Anarchie, State and Utopia, New York.

Ohst, Martin (2005): Reformatorisches Freiheitsverständnis. Mittelalterliche Wurzeln, Hauptinhalte, Probleme, in: Freiheit und Menschenwürde, hg. von Jörg Dierken und Arnulf von Scheliha, Tübingen 13-48.

Scheliha, Arnulf von (2000): Die Überlehrmäßigkeit des christlichen Glaubens – Das Wesen des (protestantischen) Christentums nach Emanuel Hirsch, in: Das Christentum der Theologen im 20. Jahrhundert. Vom ‚Wesen des Christentums' zu den ‚Kurzformeln des Glaubens', hg. von Mariano Delgado, Stuttgart, S. 61-73.

Scheliha, Arnulf von (2002): Zu Schicksal und Bedeutung der *Christlichen Freiheit* in der modernen Welt, in: Kerygma und Dogma 48, S. 118-132.

Scheliha, Arnulf von (2003): Symmetrie und Asymmetrie der Wissenschaftskulturen. Theologie – Religionswissenschaft – Kulturwissenschaften um 1900. Adolf von Harnacks Position im wissenschaftstheoretischen Diskurs, in: Adolf von Harnack: Christentum, Wissenschaft und Gesellschaft, hg. von Kurt Nowak, Otto-Gerhard Oexle, Trutz Rendtorff und Kurt-Victor Selge, Göttingen, S. 163-187.

Scheliha, Arnulf von (2005): „Menschenwürde" – Konkurrent oder Realisator der Christlichen Freiheit? Theologiegeschichtliche Perspektiven, in: Freiheit und Menschenwürde, hg. von Jörg Dierken und Arnulf von Scheliha, Tübingen, S. 241-263.

Scheliha, Arnulf von (2007): Kirche und Staat, in: Handbuch Praktischer Theologie, hg. von Wilhelm Gräb und Birgit Weyel, Gütersloh, S. 101-112.

Schleiermacher, Friedrich (1990): Dr. Schleichermacher über seine Glaubenslehre, an Dr. Lücke. 1. Sendschreiben, in: Friedrich Daniel Ernst Schleiermacher: Theologisch-dogmatische Handlungen und Gelegenheitsschriften, hg. von Hans-Friedrich Traulsen unter Mitwirkung von Martin Ohst, Kritische Gesamtausgabe Bd. I/10, Berlin/New York 1990, S. 309-335, 347.

Schleiermacher, Friedrich (1998a): Kurze Darstellung des theologischen Studiums zum Beruf einleitender Vorlesungen (1811), in: Friedrich Schleiermacher: Universitätsschriften, hg. von Dirk Schmid, Kritische Gesamtausgabe Bd. I/6, Berlin/New York S. 245-315.

Schleiermacher, Friedrich (1998b): Gelegentliche Gedanken über Universitäten in deutschem Sinn (1808), in: Friedrich Schleiermacher: Universitätsschriften, hg. von Dirk Schmid, Berlin/New York, S. 17-100.

Schleiermacher, Friedrich (2002): Antrittsvortrag (1810), in: Friedrich Schleiermacher: Akademievorträge, hg. von Martin Rössler, Kritische Gesamtausgabe Bd. I/11, Berlin/New York, S. 3-7.

Stock, Martin (^{2}1975): Artikel Wissenschaftsfreiheit, in: Evangelisches Soziallexikon, Stuttgart, Sp. 2973-2978.

Troeltsch, Ernst (2002): Naturrecht und Humanität in der Weltpolitik (1920), in: Ernst
Troeltsch: Kritische Gesamtausgabe Bd. 8, hg. von Gangolf Hübinger, Berlin/New York, S. 477-512.

Wittekind, Folkart (1999): Welche Religionsgemeinschaften sollen Körperschaften öffentlichen Rechts sein? Die Entstehung des modernen deutschen Staatskirchenrechts in den Verhandlungen über die Weimarer Reichsverfassung, in: Auf dem Weg zum Grundgesetz. Beiträge zum Verfassungsverständnis des neuzeitlichen Protestantismus, hg. von Günter Brakelmann, Norbert Friedrich, Traugott Jähnichen, Münster, S. 77-97.

Hartmut Kreß

Wissenschaft als Kulturgut und die heutige Krise der Wissenschaftsfreiheit. Problemhinweise zu einem vernachlässigten Thema aus ethischer Sicht

1. Vorbemerkung: Wissenschaft im Rahmen der ethischen Güterlehre

Die Wissenschaftsfreiheit stellt ein Ideal dar, dem für die moderne säkularisierte, pluralistische Gesellschaft überragende Bedeutung zukommt. Sie lässt sich im Licht der ethischen Güterlehre deuten, die zu Beginn des 19. Jahrhunderts von Friedrich Daniel Ernst Schleiermacher in die neuzeitlich-moderne Ethiktheorie eingebracht worden ist. Schleiermacher hat für die philosophische und die protestantisch-theologische Ethik das Leitbild der Individualität sowie das Anliegen individueller Freiheitsrechte und persönlicher Gewissensverantwortung in den Vordergrund gerückt. Darüber hinaus war er programmatischer Vordenker einer Ethiktheorie, die über eine rein individualethische Dimension hinausführte. Indem er Ethik als Trias von Pflichten-, Tugend- und Güterlehre verstand, überwand er gesinnungsethische Engführungen, die noch bei Immanuel Kant anzutreffen gewesen waren, zugunsten eines umfassenderen kulturphilosophischen Denkansatzes. Er brachte eine „objektive Ethik" zur Sprache, deren Gegenstand die kulturellen „Vernunftgüter", d.h. die geistigen und sozialen Gebilde der Kultur sein sollten. Zu Beginn des 20. Jahrhunderts hat der protestantische Theologe und Philosoph Ernst Troeltsch diese überindividuelle Perspektive, die Schleiermacher entwickelt hatte, als ethikgeschichtlich wegweisend gewürdigt. Schleiermacher habe den Horizont der einseitig „subjektiven Ethik" Kants überschritten, die Ethik thematisch entgrenzt und sie „zur Kulturphilosophie unter ethischem Gesichtspunkt" werden lassen, „indem sie Notwendigkeit, Vernünftigkeit und Einheitlichkeit der großen socialen, aber zugleich die Individuen zu eigentümlichem Wert erhebenden objektiven Zwecke zu erweisen strebt. So ergeben sich inhaltliche Zwecke des Staates, der Gesellschaft, der Kunst, der Wissenschaft, der Familie, der Religion, die als objektive Güter das Handeln bestimmen."[1]

Mithin ist festzuhalten: Seit Schleiermacher schuldet die Ethik den Gütern der Kultur – unter ihnen der Wissenschaft – Analysen und Reflexionen, die ihrer Funktion für das Gemeinwohl gerecht werden. Mit den verschiedenen kulturellen Gütern befasst sich gleicherweise die Rechtstheorie. Die Rechtsordnung stellt selbst ein Kulturgut dar. Wenn man sie als kulturelles Gut oder – mit dem Rechtsphilosophen Gustav Radbruch gesagt – im Sinn einer „Kulturtatsache" und „Kulturerscheinung, d.h. wertbezogene(n) Tatsache"[2] begreift, ergeben sich Anschlussfragen, die schon im 19. Jahrhundert erörtert wurden und in der Gegenwart unvermindert aktuell sind.

1. Es ist zu bedenken, an welchen ethischen Maßstäben die Rechtsordnung als Kulturgut zu bemessen ist. Radbruch zufolge ist im Blick auf das Recht „nicht etwa nach den empirischen Zwecksetzungen" zu fragen, „die das Recht hervorgebracht haben mögen, sondern nach der überempirischen Zweckidee, an der das Recht zu messen ist."[3] Radbruch war 1922 Reichsjustizminister gewesen und hatte eine bahnbrechende, an der Resozialisierung orientierte Reform des Strafgesetzbuchs initiiert. Vor dem Hin-

---

1 Ernst Troeltsch, Grundprobleme der Ethik. Erörtert aus Anlaß von Herrmanns Ethik, in: Zeitschrift für Theologie und Kirche 12 / 1902, 44-94, 125-178, hier 57, nachgedruckt in: Wilhelm Herrmann, Ethik / Ernst Troeltsch, Grundprobleme der Ethik, hg. v. Hartmut Kreß, Theologische Studien-Texte 2, Waltrop 2002.
2 Gustav Radbruch, Rechtsphilosophie, hg. v. Ralf Dreier, Stanley L. Paulson, Heidelberg 2. Aufl. 2003, 12, 11.
3 G. Radbruch, a.a.O. 54.

tergrund des NS-Unrechtsstaates entstand die Radbruch'sche Formel, der gemäß geltendes gesetzliches Recht, das der Gerechtigkeit und den Menschenrechten widerspricht, in übergesetzlicher Bewertung als Unrecht anzusehen ist.[4] Seine Rechtsphilosophie rückte ins Licht, dass über „Rechtszwecke", eine „ethische Güterlehre" oder eine ethische Werttheorie nachgedacht werden muss, damit das positive Recht einen ethisch-normativen Deutungshorizont erhält. Diese gedankliche Aufgabe stellt sich für Ethik und Rechtswissenschaft bis heute.

2. Zugleich ist zu erörtern, welche Güter *innerhalb* der Rechtsordnung eine Rolle spielen und welches Gewicht sie jeweils besitzen. Im Jahr 1886 hielt der Straf- und Völkerrechtler Franz von Liszt fest: „Alles Recht ist der Menschen willen da; ihre Interessen ... sollen geschützt und gefördert werden durch die Satzungen des Rechts. Die rechtlich geschützten Interessen nennen wir Rechtsgüter".[5] Solche Rechtsgüter sind laut Strafgesetzbuch § 34 Leben, Leib, Freiheit, Ehre oder Eigentum; das Bürgerliche Gesetzbuch nennt das Leben, den Körper, die Gesundheit, die Freiheit oder das Eigentum (§ 823 BGB). Das Bundesverfassungsgericht spricht von gesetzlich geschützten Rechtsgütern.[6] Darüber hinaus bezeichnet es die Grundrechte, zu denen die Religions- und Gewissensfreiheit, die Wissenschafts- und die Pressefreiheit oder das elterliche Erziehungsrecht zu rechnen sind, als Verfassungsrechtsgüter. Diese besitzen einen besonders hohen Rang, insofern die „Verfassung selbst" sie „als Mittelpunkt ihres Wertsystems" ansieht.[7]

---

4 Vgl. G. Radbruch, Gesetzliches Unrecht und übergesetzliches Recht, a.a.O. 211-219.
5 Franz von Liszt, Strafrechtliche Aufsätze und Vorträge, Bd. 1, Berlin 1905, 223. Vgl. Bernd Schulte, Rechtsgut, in: Historisches Wörterbuch der Philosophie, Bd. 8, Basel 1992, 278-280.
6 Vgl. BVerfGE 7, 198 (210).
7 BVerfGE 34, 269 (291).

3. Rechtsgüter, auch Verfassungsrechtsgüter, können allerdings in Widerspruch zueinander geraten, so dass Abwägungen erforderlich werden, die eine gerechte Einzelfallentscheidung bewirken und zwischen den konkurrierenden Rechtsgütern einen schonenden Ausgleich herbeiführen sollen. Um ein älteres Beispiel anzuführen: Im Jahr 1973 befasste sich das Bundesverfassungsgericht mit einem Grundrechtskonflikt, bei dem das Persönlichkeitsrecht (Grundgesetz Art. 2 Abs. 1) und die Pressefreiheit einander gegenüberstanden. In Presseartikeln waren über das Privatleben einer prominenten Person Sachverhalte verbreitet worden, die nicht zutrafen. Angesichts des Grundrechtskonflikts „Persönlichkeitsrecht versus Pressefreiheit" stellte das Bundesverfassungsgericht fest: „Bei der Abwägung zwischen der Pressefreiheit und anderen verfassungsrechtlich geschützten Rechtsgütern kann berücksichtigt werden, ob die Presse im konkreten Fall eine Angelegenheit von öffentlichem Interesse ernsthaft und sachbezogen erörtert, damit den Informationsanspruch des Publikums erfüllt und zur Bildung der öffentlichen Meinung beiträgt oder ob sie lediglich das Bedürfnis einer mehr oder minder breiten Leserschicht nach oberflächlicher Unterhaltung befriedigt." Da Letzteres der Fall war, lautete die Konklusion: „Der Schutz der Privatsphäre verdient gegenüber Presseäußerungen dieser Art unbedingt den Vorrang."[8]

Nachfolgend wird speziell der Wissenschaftsfreiheit nachzugehen sein, die zum Kern der Verfassungsgrundrechte gehört. In Zukunft wird sie voraussichtlich wieder verstärkt zu einem Brennpunkt juristischer und rechtspolitischer Debatten werden müssen, da sich die Gefahr abzeichnet, dass sie schleichend ausgehöhlt wird. Auch in der Ethik finden Gefährdungen von Verfassungsrechtsgütern oftmals zu geringe Aufmerksamkeit. Greift man jedoch den Denkanstoß auf, den Schleiermacher oder Troeltsch ge-

---

8   BVerfGE 34, 269 (283) (284).

setzt haben, dann sollte sich die Ethik als Güterlehre verstehen und sich mit dem geschichtlichen Wandel, der Geltung und potentiellen Gefährdungen kultureller sowie rechtlicher Güter, darunter der Wissenschaftsfreiheit, eingehend auseinandersetzen.

Dies gilt umso mehr, als es sich in der Neuzeit immer prägnanter herauskristallisiert hat, wie unverzichtbar Wissenschaft und Wissenschaftsfreiheit für die Kultur, den Staat und die Gesellschaft sind. Der Umfang dessen, was unter der Wissenschaftsfreiheit zu verstehen ist, wurde in Neuzeit und Moderne fortlaufend erweitert und präzisiert. Dies wird nachfolgend in den Abschnitten 2 und 3 vor Augen geführt. Danach wird auf die heutige Strukturkrise der Wissenschaft und auf neuere Tendenzen aufmerksam zu machen sein, die genau gegenläufig sind, weil sie die Wissenschaftsfreiheit relativieren.

2. Der Aufstieg von Wissenschaft und Wissenschaftsfreiheit zum kulturellen Gut in der Neuzeit

Kulturgeschichtlich lässt sich das Ideal der freien Wissenschaft auf Wurzeln in der frühen Neuzeit zurückführen. Zu ihnen gehört die protestantische Reformation, die von der Lehrtätigkeit Luthers an der Wittenberger Universität und seinem von kirchlichen Vorgaben unabhängigen Studium biblischer Texte angestoßen worden war. Vor allem haben dann das neuzeitliche profane Naturrecht und die Aufklärungsphilosophie der modernen Wissenschaftsfreiheit zum Durchbruch verholfen. In der Epoche der Aufklärung manifestierte sie sich zunächst als Freiheit der Philosophie. Diese bedeutete äußere sowie gedankliche Unabhängigkeit von kirchlichen und von weltlichen Institutionen sowie von geistigen Vorgaben, etwa dem Werk des Aristoteles, und wurde zunächst in den Universitäten Halle (1694) und Göttingen (gegründet 1734) zugestanden. In Halle hatte es sich um ein Privileg zugunsten des Juristen Christian Thomasius gehandelt. Er hatte sich zuvor in seinen Leipziger Vorlesungen für die rationale Naturrechtslehre und für die Staatsrechtslehre Samuel von Pufendorfs ausgesprochen, gegen dessen Schriften die dortige theologische Fakultät ein Verbot erwirkt hatte, weil sie für Unglauben stünden. Im Jahr 1690 entzog sich Thomasius der Verhaftung in Leipzig durch eine Flucht nach Halle. Auch dort wurde die Wissenschaftsfreiheit aber keineswegs vorbehaltlos gewährt, sondern blieb von der Gunst der Obrigkeit abhängig. Der Philosoph Christian Wolff musste 1723 auf Weisung des preußischen Königs Friedrich Wilhelm I. die Universität verlassen, weil er im Streit mit der dortigen Theologie die Sittenlehre der Chinesen als vorbildlich und als mit der natürlichen Moral übereinstimmend bezeichnet hatte. Hieraus resultierten der Vorwurf des Atheismus und bei Androhung der Todesstrafe die Ausweisung. 1740 gelang es Friedrich II., ihn davon zu überzeugen, nach Halle zurückzukommen.[9]

Den entscheidenden Fortschritt erbrachte der philosophische Idealismus. Kant akzeptierte für die „oberen" Fakultäten Theologie, Jurisprudenz, Medizin, dass sie ihre Richtschnur – die Bibel, das Landrecht und die Medizinalordnung – vom Staat empfangen. Den Kern seines Votums für Wissenschafts- oder Lehrfreiheit bildete die Freiheit der Philosophie, da die Vernunft „ihrer Natur nach frei" sei und vernünftiger philosophischer Zweifel jederzeit öffentlich vorgetragen werden müsse. Daher ist „die philosophische Fakultät, darum, weil sie für die *Wahrheit* der Lehren, die sie aufnehmen, oder auch nur einräumen soll, stehen muß, in so fern als frei und nur unter der Gesetzgebung der Vernunft, nicht der der Regierung, stehend" zu denken.[10] Kants einschlägige Schrift bildete eine kritische Reaktion

---

9   Vgl. Hans Carl Nipperdey (Hg.), Die Grundrechte und Grundpflichten der Weimarer Reichsverfassung. Kommentar zum zweiten Teil der Reichsverfassung, Zweiter Band: Artikel 118-142, Berlin 1930, 450ff; Herbert Helbig, Universität Leipzig, Frankfurt/M. 1961, 50f; Hans Thieme, Die geschichtlichen Voraussetzungen für Artikel 5,3 des Grundgesetzes der Bundesrepublik Deutschland, Hannover 1967, 10f.

10 Immanuel Kant, Der Streit der Fakultäten, in: Wilhelm Weischedel (Hg.), Kant, Werke in sechs Bänden, Bd. 6, Darmstadt 1964, 261-393, hier 290.

auf die Einschränkungen der akademischen Publikationsfreiheit durch den preußischen König Friedrich Wilhelm II. Ähnlich hatte zuvor Spinoza in seinem Theologisch-Politischen Traktat von 1670 argumentiert: Die Freiheit zu philosophieren füge der Frömmigkeit und dem bürgerlichen Frieden keinen Schaden zu, sondern fördere sie.[11] Sie galt also als Voraussetzung einer aufgeklärten, gebildeten und kulturell befriedeten Gesellschaft. Für die 1810 gegründete Berliner Universität wurde Wissenschaftsfreiheit zum Leitmotiv. In seiner Rektoratsrede 1811 hob der Philosoph Johann Gottlieb Fichte hervor, dass „dem Lehrer durchaus keine Grenze der Mitteilung gesetzt werden, noch irgend ein möglicher Gegenstand ihm bezeichnet und ausgenommen" werden darf, „über den er nicht frei denke".[12] Ein Plädoyer für Lehr- und Lernfreiheit war gleicherweise in der Schrift „Gelegentliche Gedanken über Universitäten im deutschen Sinne" (1808) anzutreffen, die von Schleiermacher, dem Gründungsdekan der theologischen Fakultät, stammte.

Hervorzuheben ist, dass im 19. Jahrhundert das Ideal der Wissenschaftsfreiheit über die Freiheit des Philosophierens hinaus *ausgeweitet* wurde: Es kam nun den Naturwissenschaften zugute, nachdem diese zu empirisch orientierten, experimentellen Disziplinen geworden waren. Als naturwissenschaftlich bedingte Einsichten, darunter die Evolutionslehre, in Widerspruch zu den religiösweltanschaulichen Traditionen gerieten, entstanden Kontroversen über Fragen des Weltbilds und der Weltanschauung, die heutzutage einen Nachhall in dem besonders in den USA ausgetragenen Kulturkampf über biblische Schöpfungslehre, Kreationismus und eine fundamentalistisch inspirierte „intelligent design"-Theorie versus Evolutionslehre findet. Im 19. Jahrhundert bewährte sich die Wissenschaftsfreiheit darin, dass die Geisteswissenschaften – darunter

---

11 Vgl. Baruch de Spinoza, Theologisch-politische Abhandlung, Berlin 1870 (Philosophische Bibliothek Bd. 35), Vorrede.
12 Johann Gottlieb Fichte, Über die einzig mögliche Störung der akademischen Freiheit, Berlin 1812, zit. nach Rainer A. Müller, Geschichte der Universität, München 1990, 69.

die evangelische Theologie – die Emanzipation der naturwissenschaftlichen Forschung sowie den Paradigmenwechsel in der Weltdeutung ausdrücklich bejahten: Man solle „die Wissenschaft von der Natur in ihre Freiheit" entlassen; es sei ein „Abweg", „die freie Beweglichkeit der Forschung aufzuheben, welche die tatsächlich gegebene Welt ergründen soll".[13]

Vor diesem kulturgeschichtlichen Hintergrund ergibt sich für die Gegenwart die Frage, welches Gewicht der Wissenschaftsfreiheit angesichts der strukturellen Umbrüche zukommt, die sich wissenschaftsimmanent sowie im Verhältnis zwischen Universität und Gesellschaft zurzeit ereignen. Mit dem Bild von Wissenschaft in der Epoche Wilhelm von Humboldts, in der die Wissenschaftsfreiheit realpolitisch zum Durchbruch gelangte, kann der heutige Alltag des Wissenschaftsbetriebs kaum noch verglichen werden. Humboldt hatte den Wissenschaftler vor Augen, der als Einzelner denkt und lehrt, so dass in Wissenschaft und Universität „Einsamkeit und Freiheit die ... vorwaltenden Prinzipien" seien.[14] Sein Bild philosophisch-geisteswissenschaftlicher Gedankenarbeit trifft heute, im Zeitalter naturwissenschaftlich dominierter sowie anwendungsorientierter Forschung, auf den Wissenschaftsalltag nur noch in begrenztem Umfang zu. Die Medizin, technische und naturwissenschaftliche, aber auch geistes- und kulturwissenschaftliche Disziplinen sind häufig auf praktische Umsetzung und auf ökonomische Verwertung ausgerichtet; Forschung erfolgt oft in vernetzten Gruppen und Kooperationen. Die Auslegung und Realisierung der Wissenschaftsfreiheit stehen heutzutage daher vor neuartigen Bewährungsproben.

---

13 Wilhelm Herrmann, Die Religion in ihrem Verhältniß zum Welterkennen und zur Sittlichkeit, Halle 1879, 348, 100.

14 Wilhelm von Humboldt, Über die innere und äußere Organisation der höheren wissenschaftlichen Anstalten in Berlin (1810), in: Ernst Anrich (Hg.), Die Idee der deutschen Universität. Die fünf Grundschriften aus der Zeit ihrer Neubegründung durch klassischen Idealismus und romantischen Realismus, Darmstadt 2. Aufl. 1964, 377-386, hier 377.

Für die Reflexionen, die hierzu erforderlich sind, ist der Sachverhalt zugrunde zu legen, dass die Wissenschaftsfreiheit seit dem 19. Jahrhundert in besonders starker Form, nämlich *rechtlich* abgesichert ist. Innerhalb der Rechtsordnung stellt sie sogar einen tragenden Baustein dar. Dank der neuzeitlich-modernen Rechtsgeschichte ist sie zum hochrangigen Gut der Verfassung, zu einem Verfassungsrechtsgut geworden. Nachfolgend wird sie in dieser Profilbildung in den Blick genommen.

3. Die Profilierung der Wissenschaftsfreiheit im Verfassungsrecht

Nachdem zuvor in der Schweiz die Wissenschaftsfreiheit verankert worden war, erfolgte dies in Deutschland im Jahr 1849 im Verfassungsentwurf der Frankfurter Paulskirche. Der Vorschlag für § 152 – „Die Wissenschaft und ihre Lehre ist frei" – wurde vom Ausschuss für Schulwesen und Volkserziehung mit der Begründung an die Frankfurter Nationalversammlung geleitet, aufgrund „unbeschränkt freier Mittheilung der Wissenschaften" an die studierende Jugend lasse sich „die festeste Schutzmauer gegen jegliche Roheit" errichten „und die sicherste Gewähr einer freien bürgerlichen Ordnung" bewirken.[15] Der Sache nach wurde hiermit geltend gemacht, dass Wissenschaftsautonomie dem Gemeinwohl zugute kommt. Ihr Schutz ist dann in der preußischen Verfassung von 1850, dem österreichischen Staatsgrundgesetz von 1867, der Weimarer Reichsverfassung von 1919 – dort in Art. 142 erweitert um die Freiheit der Kunst – und im Bonner Grundgesetz von 1949 übernommen worden. In den späten 20er Jahren des 20. Jahrhunderts setzte sich die Einsicht durch, dass das Rechtsgut der Wissenschaftsfreiheit neben der individuellen Dimension, die den einzelnen Wissenschaftler betrifft, ebenfalls eine institutionelle Komponente besitzt. Diesen

---

15 Zit. nach R. A. Müller, a.a.O. 80.

Gedanken hatte Adolf von Harnack bereits in die Beratungen zur Weimarer Reichsverfasssung eingebracht, indem er von der „Kulturautonomie" der Wissenschaft sprach.[16]

Das Grundgesetz der Bundesrepublik Deutschland gewährleistet in Artikel 5 Absatz 3 die Wissenschaftsfreiheit ohne Schrankenvorbehalt. Eine Begrenzung ergibt sich allenfalls bei einer direkten Kollision mit anderen Verfassungsrechtsgütern sowie dadurch, dass der zweite Satz des Artikels 5 Abs. 3 die Freiheit der „Lehre" an die Verfassungstreue bindet. Der letztere Vorbehalt war im Parlamentarischen Rat sehr strittig gewesen. Theodor Heuß hielt es „für unerträglich, eine solche – unter der Optik der nationalsozialistischen Erfahrungszeit stehende und an sich berechtigte – Mißtrauensaktion gegen einen einzigen Beruf ‚verfassungsmäßig zu verankern'". Im Gegenzug hatte Carlo Schmid aber klargestellt, dass „dieser Satz unter keinen Umständen eine verantwortungsbewußte Kritik am Grundgesetz selbst und auch nicht an den Prinzipien ausschließen [soll], auf denen es beruht".[17] Davon abgesehen steht die Wissenschaftsfreiheit im Unterschied zu anderen Grundrechten, darunter den Artikeln 2 Abs. 2, 5 Abs. 2 oder 6 des Grundgesetzes (Recht auf Leben und körperliche Unversehrtheit, Rundfunkfreiheit oder das elterliche Erziehungsrecht), unter keinem Gesetzesvorbehalt, so dass sie gesetzlich nicht eingeschränkt werden darf, wenn keine besonders gravierende, durchschlagende und zwingende Begründung vorliegt. Eine parlamentarische Initiative, die Wissenschaftsfreiheit doch noch einzuengen, ließ sich in der Bonner Republik nicht durchsetzen. Im Mai 1965 wurde ein Antrag eingebracht, sie durch eine Einbindung in den „Rahmen der allgemeinen sittlichen Ordnung" einzugrenzen.[18] Zu den Wegbereitern des Antrags gehörte der Abgeordnete A. Süsterhenn, der hierbei, wie schon zuvor im

---

16 Vgl. Ingolf Pernice, Artikel 5 III, in: Grundgesetz, Kommentar, Bd. 1, hg. v. Horst Dreier, Tübingen 2. Aufl. 2004, 715-750, hier 718 (Rdnr. 2).
17 Gerhard Leibholz, Hermann v. Mangoldt, Jahrbuch des öffentlichen Rechts der Gegenwart, Tübingen 1951, 92.
18 Bundestags-Drucksache IV/3399.

Parlamentarischen Rat, eine Normierung durch die katholische Sittenlehre im Blick gehabt haben wird. Eine derartige metaphysische oder konfessionelle Engführung ist für den liberalen, weltanschaulich neutralen Staat aber nicht akzeptabel und hatte bereits im Parlamentarischen Rat keine Resonanz gefunden.[19]

Im Gegenteil ist in den Vordergrund zu rücken, dass das Bonner Grundgesetz den Schutzumfang, den die Weimarer Reichsverfassung Art. 142 der Wissenschaftsfreiheit gewährte, begrifflich sogar *erweitert* hat. Denn Art. 5 Abs. 3 erwähnt explizit die Freiheit der „Forschung". Hierdurch trägt das Grundgesetz der strukturellen Fortentwicklung der Wissenschaft und den Schwerpunktverlagerungen von der philosophisch-geisteswissenschaftlichen Lehre zu den naturwissenschaftlichen, empirisch orientierten Disziplinen Rechnung. In den Dokumenten des 19. Jahrhunderts war die Wissenschaftsfreiheit noch als „Lehrfreiheit" oder „Lehrrecht" bezeichnet worden.[20] Die begriffliche Klarstellung, die die veränderten Strukturen von Universität und Wissenschaft berücksichtigt, kehrt in der Grundrechtscharta der EU vom 18.12.2000 und im Entwurf für einen EU-Verfassungsvertrag aus dem Jahr 2003 wieder. Dort heißt es (Art. II-13): „Kunst und Forschung sind frei. Die akademische Freiheit wird geachtet."

Neuere Verfassungsdokumente haben den Schutzumfang der Wissenschaftsfreiheit daher dem Wortlaut nach *ausgedehnt*. Dies entspricht der inneren Struktur und dem Wandel der Wissenschaft selbst sowie der Logik der neueren Rechtsgeschichte, Freiheitsgrundrechte als Kulturgüter immer deutlicher in den Vordergrund zu rücken. Speziell zur Wissenschaftsfreiheit sind im Blick auf das Bonner Grundgesetz folgende Aspekte maßgebend:

---

19 Vgl. Carlo Schmid, Erinnerungen, Bern u.a. 6. Aufl. 1979, 410.
20 Vgl. Heinrich Scholler (Hg.), Die Grundrechtsdiskussion in der Paulskirche, Darmstadt 1973, 50, 180, 188; Franz-Ludwig Knemeyer, Lehrfreiheit, Berlin 1969, 12ff.

1. Die Wissenschaftsfreiheit stellt eine „wertentscheidende Grundsatznorm" oder eine „materiale" resp. „objektive Wertentscheidung" des Grundgesetzes dar.[21] Sie gehört zum normativen Kernbestand der Verfassung, beruht auf überpositiven „Kulturwerten" (G. Radbruch) und repräsentiert den Gedanken, dass sich eine moderne Gesellschaft am Grundwert der Freiheit orientiert.
2. Die Deutungskompetenz über den Begriff und den Umfang der Wissenschafts- sowie Forschungsfreiheit besitzt die Wissenschaft selbst, da der Wissenschaftsbegriff des Grundgesetzes „neutral, pluralistisch, irrtumsoffen und im Kern autonom" ist.[22]
3. Bei einzelnen Forschungsprojekten werden faktisch immer wieder Güter- oder Wertkonflikte aufbrechen. Zum Beispiel kann in Anbetracht medizinischer Heilversuche oder Experimente, die an Menschen vorgenommen werden, ein Gegensatz zwischen Wissenschaftsfreiheit einerseits, dem Lebens- oder Gesundheitsschutz andererseits entstehen.[23] In solchen Fällen sind Abwägungen und gegebenenfalls Grenzziehungen geboten, die den unterschiedlichen Verfassungsrechtsgütern Rechnung tragen.[24]
4. Die Wissenschaftsfreiheit ist in erster Linie als individuelles Freiheits- und persönliches Abwehr- oder Schutzrecht zu verstehen,

---

21 Vgl. Rupert Scholz, Art. 5 Abs. III, in: Theodor Maunz, Günter Dürig, Grundgesetz, Kommentar, Bd. 1, München 8. Aufl. 1999, Lfg. 20, Rdnr. 5, 81, 87.

22 Vgl. Eckart Klein, Die Verantwortung des Wissenschaftlers für seine Forschung und deren Folgen aus rechtlicher Sicht, in: Peter Caesar (Hg.), Zur ethischen Verantwortung von Wissenschaftlerinnen und Wissenschaftlern. Bericht der Bioethik-Kommission Rheinland-Pfalz vom 11. September 1995, Ministerium der Justiz Rheinland-Pfalz Mainz 1995, 61-82, hier 65.

23 Vgl. Michael Köhler, Rechtsphilosophische Grundsätze zur Forschung am Menschen, in: Kurt Pawlik, Dorothea Frede (Hg.), Forschungsfreiheit und ihre ethischen Grenzen, Göttingen 2002, 65-85; Nadja Michael, Forschung an Minderjährigen. Verfassungsrechtliche Grenzen, Berlin/Heidelberg 2004.

24 Vgl. auch § 1 des am 01.07.2002 in Kraft getretenen Stammzellgesetzes. Dem Gesetz liegt das Bemühen zugrunde, Menschenwürde, Recht auf Leben und Forschungsfreiheit in Einklang zu bringen.

das dem einzelnen Wissenschaftler zugute kommt. Diese individuelle Dimension bildet historisch und normativ ihren Kern.
5. Hiervon abgeleitet strahlt sie auf wissenschaftliche Organisationen und Institutionen, z.B. auf Universitätsfakultäten aus. Diese institutionelle Garantie entstand geistes- und rechtsgeschichtlich freilich erst relativ spät. In ihrer verfassungsrechtlichen Gewichtung besitzt sie „prinzipiell nur *komplementären,* nicht aber gewährleistungsprimären Gehalt".[25] Vorrangig geht es um die Schutz- und Freiheitsrechte des Wissenschaftlers selbst. Dieser Gedanke ist auch deshalb zu unterstreichen und heute neu in Erinnerung zu bringen, weil er derzeitigen Trends zuwiderläuft, Grund- oder Freiheitsrechte in hohem Maß kollektiv oder korporativ zu begreifen (z.B. Religionsfreiheit im Sinn des Selbstbestimmungsrechtes von Religionsgemeinschaften oder Kirchen in Überlagerung der individuellen Religions- und Gewissensfreiheit; Wissenschaftsfreiheit im Sinn der Autonomie einer Universität als Ganzer dominierend gegenüber der Freiheit des einzelnen Wissenschaftlers).
6. Zur Wissenschaftsfreiheit gehört hinzu, dass der Staat gehalten ist, Lehre und Forschung durch Bereitstellung von Mitteln, Infrastrukturmaßnahmen usw. zu fördern.[26] Aus diesem Postulat lässt sich zwar nicht ableiten, *welche* Fördermaßnahmen der Staat konkret ergreifen soll; hierin besteht staatlich-politische Gestaltungsfreiheit. Jedoch steht fest, *dass* er wissenschaftsfördernd und -unterstützend tätig zu werden hat, damit die Tätigkeit des Wissenschaftlers nicht leer läuft. Einige Landesverfassungen haben dieses Gebot explizit festgeschrieben, nämlich die Verfassungen von Niedersachsen (Art. 5 Abs. 1), Nordrhein-Westfalen (Art. 18 Abs. 1) und Schleswig-Holstein (Art. 9 Abs. 1).[27]

---

25 R. Scholz, a.a.O., Rdnr. 82.
26 Vgl. Fritz Ossenbühl, Wissenschaftsfreiheit und Gesetzgebung, in: Dieter Dörr u.a. (Hg.), Die Macht des Geistes. Festschrift für Hartmut Schiedermair, Heidelberg 2001, 505-521, hier 508ff.
27 Vgl. auch bereits Weimarer Reichsverfassung Art. 142.

Ob die heutige Verfassungswirklichkeit dem Verfassungsgebot staatlicher Förderung der Wissenschaft tatsächlich noch durchgängig entspricht, ist zu einer offenen Frage geworden. Darüber hinaus bedarf es der kritischen Diskussion, ob der Staat – bei aller staatlichen Gestaltungsfreiheit – durch die Vergabe von Fördermitteln und durch sonstige Schwerpunktsetzung in einseitiger Weise Forschungs*lenkung* betreiben darf (als Beispiel: die gezielte Konzentration auf die Forschung an adulten oder an induzierten pluripotenten anstelle von embryonalen Stammzellen in Deutschland. Zur Forschungspolitik in Großbritannien mit ihrer einseitigen Option für die humane embryonale Stammzellforschung ist im Übrigen die genau umgekehrte Anfrage aufzuwerfen).[28] Doch von solchen Rückfragen abgesehen, die bereits auf die Alltagsrealität bzw. auf die Verfassungsrealität und nicht auf das Verfassungsrecht als solches Bezug nehmen: Insgesamt liegt dem Grundgesetz ein differenziertes, profiliertes und sehr anspruchsvolles Verständnis von Wissenschaft und Wissenschaftsfreiheit zugrunde. Um ihm in der Perspektive einer Ethik kultureller Güter eine nochmals tiefere Begründung und Zielbestimmung zu verleihen, ist auf die Argumente zurückzugreifen, die sich – wie oben skizziert – in der neueren Kulturgeschichte herausgebildet haben. Zusammenfassend ist zu sagen:

1. Anthropologisch-phänomenologisch lässt Wissenschaft sich aus der menschlichen Vernunftstruktur, aus dem das Menschsein charakterisierenden Erkenntnisstreben und der Wahrheitssuche von Menschen ableiten: „Das Streben nach Erkenntnis liegt in der menschlichen Natur und gehört zur menschlichen Kultur."[29]
2. Die freie Wissenschaft kommt dem gesellschaftlichen Wohl zugute. Auf das schon im 18./19. Jahrhundert vertretene Argument, die Wissenschaftsfreiheit diene der freiheitlichen bürgerli-

---

28 Generell zur Kritik an Forschungslenkung durch Mittelvergabe in Großbritannien: University and College Union, Academic freedom, January 2009, im Internet: http://www.ucu.org.uk/index.cfm?articleid=3672.
29 P. Caesar (Hg.), a.a.O. 10.

chen Ordnung und der gesellschaftlichen Prosperität, rekurriert der Sache nach heutzutage das Bundesverfassungsgericht. Es betont die „Schlüsselfunktion, die einer freien Wissenschaft sowohl für die Verwirklichung des Einzelnen als auch für die gesamtgesellschaftliche Entwicklung zukommt".[30]

3. Darüber hinaus sichert die Wissenschaftsfreiheit die Funktionsfähigkeit des Rechts- und Kulturstaats. Abgesehen von ihrem Anteil an der Fortentwicklung von Medizin, Naturwissenschaft und Technologie nutzt Wissenschaftsfreiheit der demokratischen Diskurskultur, dem Bildungsniveau und der kulturellen Toleranz. So gesehen besitzt sie eine umfassende „Kulturbedeutung". Von einer herausragenden Kulturbedeutung der Wissenschaft zu sprechen, spielt auf ein Diktum des Historikers Karl Holl an und wandelt es ab; er hatte zu Beginn des 20. Jahrhunderts auf die „Kulturbedeutung der Reformation" hingewiesen.[31] Heutzutage – ein Jahrhundert später – ist verstärkt die gesamtkulturelle Funktion der Wissenschaft in das Bewusstsein zu rücken. Wissenschaftsfreiheit ist keineswegs ein bloßes Privileg, von dem Wissenschaftler profitieren. Vielmehr hat sie den Sinn, die Stabilität und die Prosperität von Staat und Gesellschaft sowie den inneren Zusammenhalt der pluralistischen Kultur zu stützen.

Angesichts dieser gemeinwohlorientierten Funktion der Wissenschaft und in Anbetracht des anspruchsvollen Leitbildes von Wissenschaftsfreiheit, das sich dem Grundgesetz entnehmen lässt, ist es nun allerdings geboten, Relativierungen oder Beeinträchtigungen, denen sie zunehmend ausgesetzt ist, sorgsam aufzuarbeiten und ihnen entgegenzuwirken. Zur Veranschaulichung sei zunächst eine traditionelle Problematik angesprochen; danach ist auf neu entstehende Gegenwartsprobleme hinzuweisen.

---

30 BVerfGE 35, 79 (114).
31 Vgl. Karl Holl, Gesammelte Aufsätze zur Kirchengeschichte, I, Luther, Tübingen 6. Aufl. 1932, 468-543.

4. Infragestellungen von Wissenschaftsfreiheit

4.1 Ein herkömmlicher Konflikt: Beeinträchtigung von Wissenschaftsfreiheit in der Schnittstelle zwischen Staat und Religion

Die neuere Geistes- und Wissenschaftsgeschichte war durchgängig davon begleitet gewesen, dass die römisch-katholische Kirche die Wissenschaftsfreiheit nur zögernd respektierte. Sie hat die modernen Freiheitsgrundrechte, darunter die Religions- und Gewissensfreiheit, ohnehin erst verspätet akzeptiert. Der grundsätzliche Durchbruch erfolgte auf dem Zweiten Vatikanischen Konzil 1965. Die Wissenschaftsfreiheit wird von ihr freilich bis heute zurückhaltend bewertet. Unter Berufung auf den scholastischen Theologen Albert den Großen und auf die Pastoralkonstitution „Gaudium et spes" des Zweiten Vatikanums hat Papst Johannes Paul II. „die Autonomie und Freiheit der Wissenschaften" verbal durchaus anerkannt. Er hielt es für „ausgeschlossen, daß eine Wissenschaft, die sich auf Vernunftgründe stützt und methodisch gesichert fortschreitet, zu Erkenntnissen gelangt, die in Konflikt mit der Glaubenswahrheit kommen".[32] Andererseits hat das katholische Lehramt gegenüber moderner Wissenschaft und Wissenschaftsfreiheit immer wieder Distanz bekundet. Das Lehramt bemisst sie nämlich an den wissenschaftsexternen Vorgaben, die von ihm selbst gesetzt werden (z. B. auf der Basis des katholischen Naturrechts). Dies zeigt sich exemplarisch an seinen negativen Voten zum Fortschritt der Biomedizin und zu den Biowissenschaften. Naturwissenschaftlern, die sich an humaner embryonaler Stammzellforschung beteiligen, wurde die Exkommunikation angekündigt. Da die römisch-

---

32 Sekretariat der Deutschen Bischofskonferenz (Hg.), Papst Johannes Paul II. in Deutschland, 15.-19. November 1980, Verlautbarungen des Apostolischen Stuhls 25A, Bonn 1980, 28. Vgl. Helmuth Pree, Forschungsfreiheit, in: Lexikon für Kirchen- und Staatskirchenrecht Bd. 1, Paderborn u.a. 2000, 706f.

katholische Kirche das Verfahren der medizinisch assistierten Reproduktion (In-vitro-Fertilisation) ablehnt, dürfen in katholisch getragenen Einrichtungen keine diesbezügliche Forschung stattfinden oder Therapieangebote vorgehalten werden. Nur in der katholischen Universität Löwen in Belgien konnte die Reproduktionsmedizin bislang noch gehalten werden. Jedoch gerät sie inzwischen auch dort unter den Druck des Vatikans.[33] Darüber hinaus trat in Deutschland das Spannungsverhältnis, das zwischen der römisch-katholischen Kirche einerseits, der Wissenschaftsfreiheit an Hochschulen andererseits generell besteht, in den letzten Jahren anhand der bischöflichen Durchgriffe in die Selbstverwaltung der Katholischen Universität Eichstätt zutage, über deren Kritikwürdigkeit sogar in der Frankfurter Allgemeinen Zeitung berichtet wurde.[34]

Große Spannungen zwischen dem Lehramt der römisch-katholischen Kirche und der Wissenschaftsfreiheit zeigen sich erst recht dann, wenn man katholisch-theologische Fakultäten an staatlichen Universitäten betrachtet. Für katholische Fakultäten sind inzwischen amtskirchliche römisch-katholische Dokumente maßgebend, die erst in den letzten beiden Jahrzehnten, nämlich seit den 1990er Jahren, verfasst wurden. Zu ihnen gehören die Instruktion über die kirchliche Berufung des Theologen (1990) sowie das päpstliche Motu proprio „Ad tuendam fidem" (1998). Darüber hinaus ist z.B. die Enzyklika „Veritatis splendor" (1993) zu nennen. Sie laufen darauf hinaus, die Gewissensfreiheit, die Forschungsfreiheit und die Lehrfreiheit katholischer Theologen, insbesondere auch katholischer Moraltheologen oder Ethiker, stark einzuengen. Ihnen zu-

---

33 Zu Belegangaben vgl. Hartmut Kreß, Medizinische Ethik. Gesundheitsschutz, Selbstbestimmungsrechte, heutige Wertkonflikte, Stuttgart 2. Aufl. 2009, 148 u.ö.; Nikolaus Knoepffler, Philosophische Perspektiven auf die augenblickliche Diskussionslage zwischen evangelischer und katholischer Ethik am Beispiel der Bewertung der Stammzellforschung, in: Materialdienst des Konfessionskundlichen Instituts Bensheim 59 / 2008, 65-70.

34 FAZ 13.06.2008, 4: „Vorgang ohne Präzedenz. Senat der Universität Eichstätt stellt sich gegen Bischof".

folge sind katholische Theologen zur „Unterwerfung" oder zum „Glaubensgehorsam" gegenüber der lehramtlich vertretenen Auffassung verpflichtet. Demgegenüber seien ihre individuellen Freiheitsgrundrechte, zu denen die Gewissens-, Meinungs- oder Wissenschaftsfreiheit gehören, nachrangig. Das Lehramt besitze das Recht und die Pflicht, gegenüber einem Theologen „beschwerliche Maßnahmen" zu ergreifen, darunter den Entzug der Lehrbefugnis. In der „Hierarchie der Rechte" stehe die vom Lehramt verwaltete Wahrheit höher als die Freiheit des Einzelnen.[35]

Die Enzyklika Veritatis splendor verurteilt Moraltheorien, die mit der katholischen Lehre nicht vereinbar seien. Dies gilt für die teleologische Ethik, also für eine Ethiktheorie, die an Handlungsfolgenabschätzungen interessiert ist.[36] Innerkatholisch ist hiermit ein Verdikt über den Ethikansatz ausgesprochen worden, der von dem Bonner katholischen Moraltheologen Franz Böckle vertreten worden ist. Als Alternative rückte die Enzyklika die deontologische moraltheologische Theorie ins Zentrum, der zufolge bestimmte Handlungen in sich selbst schlecht (intrinsece malum) seien. Zu den Handlungen, die als intrinsece malum gelten und daher verboten, ja sogar „absolut" verboten sind, gehören die hormonelle Kontrazeption, die künstliche Empfängnisverhütung, gleichgeschlechtliches Verhalten oder der Schwangerschaftsabbruch. Auf dieser Basis hat der Vatikan nach 1998 dann den Ausstieg der deutschen katholischen Kirche aus der gesetzlich geregelten Schwangerschaftskonfliktberatung durchgesetzt. Auf der gleichen Linie liegt das Verbot der In-vitro-Fertilisation, das die Glaubenslehrekongregation im Jahr 1987 in der Instruktion „Donum vitae / Über den

---

35 Vgl. Kongregation für die Glaubenslehre, Instruktion über die kirchliche Berufung des Theologen, 24. Mai 1990, hg. v. Sekretariat der Deutschen Bischofskonferenz, Verlautbarungen des Apostolischen Stuhls 98, Bonn, Nr. 36ff.

36 Vgl. Enzyklika Veritatis splendor von Papst Johannes Paul II., 6. August 1993, hg. v. Sekretariat der Deutschen Bischofskonferenz, Verlautbarungen des Apostolischen Stuhls 111, Bonn, Nr. 79ff.

Beginn des menschlichen Lebens und die Würde der Fortpflanzung" ausgesprochen und 2008 in der Instruktion „Dignitatis personae / Über einige Fragen der Bioethik" erneuert hat, und zahlreiches anderes.

Katholische Kirchenrechtler legen den bemerkenswerten Sachverhalt dar, dass das katholische Lehramt den Umfang der Lehren, die als unverrückbares Glaubensgut gelten und nicht angetastet werden dürfen – das depositum fidei –, in der jüngeren Zeit *ausgedehnt* hat. Darüber hinaus hat sich das Lehramt stärker als je zuvor die Definitionskompetenz darüber zugesprochen, *welche* Aussagen als unverrückbar feststehend zu gelten haben.[37] Beachtenswert sind mithin 1. die quantitative Ausweitung der verbindlichen Glaubenssätze durch das Lehramt, und zwar ebenfalls im Blick auf Ethiktheorie und Moral, 2. der Anspruch des Lehramtes auf Definitionskompetenz bzw. auf Kompetenzkompetenz, welche Aussagen zu Glaube oder Moral als verbindlich gelten und aufgrund eines „kirchlichen Rechtsbefehls"[38] von Laien und Theologen als gültig zu akzeptieren sind, sowie – im Rahmen dieser Logik dann folgerichtig – 3. die weiter ansteigende Verrechtlichung theologischer und ethischer Themen. Daher dürfen inhaltliche Aussagen, die von der Auffassung des Lehramts abweichen, von Vertretern der katholischen Theologie nach außen nicht vertreten werden, so dass für sie die Wissenschaftsfreiheit und die Publikationsfreiheit nur eingeschränkt gelten. Dies ergibt sich unmittelbar aus den Dokumenten des Vatikans[39], steht jedoch in Spannung zu allgemein anerkannten

---

37 Vgl. Norbert Lüdecke, Depositum fidei, in: Axel Frhr. v. Campenhausen u.a. (Hg.), Lexikon für Kirchen- und Staatskirchenrecht, Bd.1, Paderborn 2000, 403-404.
38 N. Lüdecke, a.a.O. 404.
39 Zum Gebot, im Fall abweichender Meinung auf die Veröffentlichung der eigenen Sicht in Publikationen zu verzichten und zu „schweigen", vgl. z.B. die Instruktion über die kirchliche Berufung des Theologen vom 24. Mai 1990, Nr. 31.

ethischen und grundrechtlichen Standards und zu Artikel 5 Absatz 3 des Grundgesetzes, der die Wissenschaftsfreiheit garantiert.

Mit dem Geist des Grundrechts auf Wissenschaftsfreiheit ist es schwerlich vereinbar, dass die katholische Theologie die Vorgaben des Lehramts lediglich „auslegen" oder sie – wie es in katholischen Dokumenten heißt – „verfeinern", aber nicht von ihr abweichen und sie nicht ergebnisoffen debattieren soll. Behutsam und ohne an der hierarchischen Lehramtsstruktur oder den Kirchenrechtsvorgaben als solchen Kritik zu üben, weisen sogar katholische Theologen selbst darauf hin, dass die Wissenschafts- und Meinungsfreiheit an katholischen Fakultäten gefährdet ist: „Auseinandersetzungen", die zwischen der Amtskirche und Theologen entstanden sind, „disziplinarisch abzukürzen, indem z.B. Theologinnen und Theologen ohne vorausgehende inhaltliche Debatte und Prüfung von Argumenten die kirchliche Lehrerlaubnis verweigert oder entzogen wird, dient weder der Wahrheitsfindung, noch ist es ein Ausweis starker Identität, die eine notwendige Voraussetzung von Pluralitätsfähigkeit ist."[40] Aktuelle Beispiele, an denen diese Problematik sichtbar wird, können hier nicht aufgezählt zu werden. Konkret wäre etwa an die Ankündigung des Regensburger Bischofs Gerhard Ludwig Müller zu denken, gegen katholische Professoren der Theologie, die seiner Ansicht nach an Papst Benedikt XVI. Kritik geübt hatten, „weitere Schritte" zu unternehmen, d.h. ihnen die Ausübung ihrer Tätigkeit in der katholisch-theologischen Fakultät zu untersagen, falls sie sich nicht unterwerfen.[41] Der – pensionierte – katholische Theologe Karl-Heinz Ohlig hielt vor diesem Hintergrund im Jahr 2009 bilanzierend fest: „Warum ... werden überall in der Welt katholische Theologen, die Kritik am ‚unbeirrbaren Kurs'

---

40 Marianne Heimbach-Steins, Subsidiarität und Partizipation in der Kirche, in: dies. (Hg.), Christliche Sozialethik, Bd. 2, Konkretionen, Regensburg 2005, 281-313, hier 312.
41 Katholischer Nachrichtendienst 17. Februar 2009: „Bischof fordert Professoren-Distanzierung von ‚Petition Vaticanum II'"; ebd. eine wörtliche Wiedergabe des Briefes des Bischofs an die drei Professoren.

üben – oft mit wahrhaftig guten christlichen Gründen –, immer wieder verurteilt und zu beschämenden Reueerklärungen gezwungen, falls sie ihren Job behalten wollen?"[42]

Es überrascht, dass Juristen sich mit dem Spannungsverhältnis zwischen lehramtlichen Vorgaben und der Wissenschaftsfreiheit kaum beschäftigen.[43] Als Ernst-Wolfgang Böckenförde im Jahr 2004 seine Texte zum Thema katholische Kirche / Religionsfreiheit neu edierte und kommentierte, ließ er das Problem innerkirchlich geltender Freiheitsrechte, darunter die Wissenschaftsfreiheit der Theologie, ganz unerwähnt.[44] Umso mehr fällt auf, dass er – zeitlich stark verzögert – die Beschränkungen der Meinungs- oder Publikationsfreiheit für Katholiken später dann doch kritisierte. Offenbar unter Anspielung auf die Verschärfung des kanonischen Rechts im Jahr 1998 (CIC can. 750), auf das Motu proprio „Ad tuendam fidem" und den Lehrmäßigen Kommentar der Kongregation für die Glaubenslehre zur Professio fidei sowie auch den Canon 752 des CIC beklagte er im Dezember 2005 „eine deutliche Tendenz, Autorität und Verbindlichkeit von Äußerungen des ordentlichen päpstlichen Lehramts, soweit möglich, aufzusteigern; sie zwar von der des unfehlbaren Lehramts formell zu unterscheiden, aber in der Sache stark an diese anzugleichen". Hieraus resultierte seine rhetorische Frage: „Soll in der Tat jeder Gläubige und Theologe still zusehen und zuwarten müssen, ohne sich selbst dafür engagieren zu können, bis das Lehramt womöglich selbst zu einer besseren Einsicht

---

42 Karl-Heinz Ohlig, Ist die Kritik an der Schieflage maßlos?, in: FAZ 26.03.2009, 7.
43 Zu den Ausnahmen gehört der Beitrag von Friedhelm Hufen, Wissenschaftsfreiheit und kirchliches Selbstbestimmungsrecht an theologischen Fakultäten staatlicher Hochschulen. Für eine grundrechtsorientierte Lösung eines alten Problems, in: Dieter Dörr u.a. (Hg.), Die Macht des Geistes. Festschrift für Hartmut Schiedermair, Heidelberg 2001, 623-642.
44 Vgl. Ernst-Wolfgang Böckenförde, Kirche und christlicher Glaube in den Herausforderungen der Zeit. Beiträge zur politisch-theologischen Verfassungsgeschichte 1957-2002, Münster 2004.

kommt?"[45] Im Jahr 2006 ging Böckenförde noch etwas weiter und beklagte die kirchenrechtlichen Einschränkungen, die den Willen, das Denken und die Meinungsäußerungen oder die Wissenschaftsfreiheit von Katholiken betreffen: „Auch eine sorgfältig geprüfte, zwingend erscheinende Einsicht kann lediglich zur ausnahmsweisen inneren Suspension der Zustimmung, dem sog. schweigenden Gehorsam führen; jede öffentliche Anfrage und Kritik, auch in der Form wissenschaftlicher Diskussion, wird ausgeschlossen."[46]

Sicherlich: Universitätsgeschichtlich sind derartige Spannungen nicht ganz neu. Erstmals entstand ein Konflikt zwischen dem Staat, der die Wissenschaftsautonomie verbürgt, und der katholischen Kirche, als diese im Jahr 1910 die an deutschen Universitäten lehrenden katholischen Theologieprofessoren auf den Antimodernisteneid verpflichten wollte. Daraufhin wurde in Presse, Öffentlichkeit und in deutschen Landesparlamenten die Berechtigung katholischer Universitätsfakultäten sogar ganz in Abrede gestellt. Die heftigen Reaktionen veranlassten Papst Pius X., zurückzuweichen und die katholischen Theologieprofessoren, soweit es ihre staatliche Tätigkeit betraf, von der Eidesleistung zu befreien. 1911 begründete der preußische Kultusminister v. Trott zu Solz im Abgeordnetenhaus, warum Preußen trotz der Bedenken hinsichtlich der Wissenschaftsfreiheit an katholischen Universitätsfakultäten festhalte, mit dem Argument, es gehe um kulturelle Befriedung und Integration. Es liege im „Staatsinteresse ..., wenn auch die Lehrer der jungen Geistlichen an unseren Universitäten in dem Professorenkollegium stehen, mit den Vertretern anderer Disziplinen in Verbindung und in Gedankenaustausch treten. Das sind die Gründe gewesen, welche bisher trotz vielfachen Widerspruchs dazu geführt haben, an den katholisch-theologischen Fakultäten festzuhalten. Das sind auch die

---

45 E.-W. Böckenförde, Rom hat gesprochen, die Debatte ist eröffnet, in: FAZ 07.12.2005, 39.
46 E.-W. Böckenförde, Kirche und christlicher Glaube in den Herausforderungen der Zeit, 2. erweiterte Auflage, fortgeführt bis 2006, Münster 2007, 487.

Erwägungen gewesen, die Männer wie Paulsen und Harnack veranlaßt haben, sich für die Beibehaltung der katholisch-theologischen Fakultäten auszusprechen."[47]

Dieses Argument des protestantischen Kirchenhistorikers Harnack, des Philosophen Paulsen und des damaligen Kultusministers ist bis heute nicht von der Hand zu weisen. Die seit den 1990er Jahren entstandenen Dokumente der römisch-katholischen Kirche, die soeben erwähnt wurden, erwecken allerdings den Eindruck, dass sich der Antagonismus zwischen dem römisch-katholischen Lehramt und der Wissenschaftsfreiheit in jüngster Zeit sogar wieder verschärft hat. Angesichts dessen werden die Wissenschaftsethik und die Rechtswissenschaft diese Problematik künftig wohl neu aufzuarbeiten haben.

Nun ist an dieser Stelle nicht zu entfalten, dass das Selbstverständnis der evangelischen Kirchen und der protestantischen Theologie von den katholischen Auffassungen deutlich abzugrenzen ist. Für die protestantische Seite sind das Nichtvorhandensein der Lehramtsautorität[48], eine Deutung von Wahrheit, der gemäß diese „für das Denken die Gestalt der offenen Frage" besitzt[49], sowie die Pluralität theologischer Meinungsbildung unhintergehbar. Die Differenzen, die zwischen dem evangelischen und dem katholischen Bild von Kirche, Theologie und Wissenschaft bestehen, finden außerhalb der Theologie, auch in der Rechtswissenschaft, oft zu wenig Beachtung. Der Grundgesetzkommentar von Maunz / Dürig erwähnt bei der Kommentierung von Art. 5 Absatz 3 des Grundgesetzes den Unterschied zwischen katholischem und evangelischem Wissenschaftsverständnis gar nicht[50]; das gleiche gilt für andere Grundgesetzkommentare oder juristische Publikationen. Allerdings

---

47 Zit. nach Hermann Mulert, Anti-Modernisteneid, freie Forschung und theologische Fakultäten, Halle 1911, 49.
48 Vgl. Hermann Barth, Evangelische Ethik und Kirche, in: Zeitschrift für Evangelische Ethik 47 / 2003, 153-155, hier 154.
49 Wolfgang Huber, Konflikt und Konsens, München 1990, 42.
50 Vgl. R. Scholz, a.a.O. Rdnr. 181.

ist nicht zu verkennen, dass neuerdings sogar auf protestantischer Seite die Wissenschaftsfreiheit unter Druck gerät.[51] Dies fand schon darin seinen Ausdruck, dass evangelische Kirchen in den 1990er Jahren in Staatskirchenverträgen, die mit den neuen Bundesländern geschlossen wurden, auf größeren Möglichkeiten der Einflussnahme (z.B. bei Personalfragen / Berufung von Theologieprofessoren) insistierten, als es in den älteren Staatskirchenverträgen in den westlichen Bundesländern der Fall ist. Dies wurde als Rekatholisierung oder Rekonfessionalisierung evangelisch-theologischer Universitätsfakultäten kritisiert.[52] In Sachsen-Anhalt zog die staatliche Seite die Konsequenz, es sich im Schlussprotokoll des Staatskirchenvertrags offen zu halten, kirchlichen Wünschen ggf. nicht zu entsprechen, sofern „die Wissenschaftsfreiheit ... ernsthaft gefährdet" wird.[53] Ein Beschluss des Bundesverfassungsgerichts vom 28. Oktober 2008 bezeichnete theologische Fakultäten an staatlichen Hochschulen als verfassungsrechtlich lediglich „erlaubt". Ist diese sehr zurückhaltende Formulierung ein Indiz dafür, dass auch das Bundesverfassungsgericht hinsichtlich des Niveaus

---

51 Vgl. Christian Grethlein, „Theologien und Religionswissenschaften an deutschen Hochschulen" – Anfragen des Wissenschaftsrats an den Evangelisch-Theologischen Fakultätentag, in: Zeitschrift für Theologie und Kirche 105 / 2008, 352-386, hier 376.

52 Vgl. Hermann Weber, Neuralgische Punkte in den Grundsatzfragen des Staatskirchenrechts, in: Hans-Wolfgang Arndt u.a. (Hg.), Staat, Kirche, Verwaltung. Festschrift für Hartmut Maurer, München 2001, 469-492, hier 482; Hartmut Kreß, Die evangelischen Staatskirchenverträge in den neuen Bundesländern, in: Materialdienst des Konfessionskundlichen Instituts Bensheim 48 / 1997, 23-28, hier 25ff.

53 Schlussprotokoll des Evangelischen Kirchenvertrags Sachsen-Anhalt zu Art. 3 Abs. 2 (4), Gesetz- und Verordnungsblatt für das Land Sachsen-Anhalt, 1994, 178. – Ausführlicher zu verschiedenen Aspekten des Themas: Hartmut Kreß, Einleitung, in: ders. (Hg.): Theologische Fakultäten an staatlichen Universitäten in der Perspektive von Ernst Troeltsch, Adolf von Harnack und Hans von Schubert, Theologische Studien-Texte 16, Waltrop 2004, 5-90.

der Wissenschaftsfreiheit in der Theologie im Vergleich mit anderen Universitätsfakultäten Zweifel hat?[54] Der Sache nach wäre zur Klärung solcher Fragen ein europäischer Rechtsvergleich hilfreich, der vom Bundesverfassungsgericht im Rahmen seiner Argumentation nicht vorgenommen wurde.[55]

Bildungs- und wissenschaftspolitisch ist in der Bundesrepublik Deutschland aktuell wohl noch bedeutsamer, dass im Jahr 2008 die Frage der Wissenschaftsfreiheit von Theologie eine ganz unerwartete Zuspitzung gewann. An der Universität Münster/Westfalen findet eine staatlich verantwortete Ausbildung von Lehrern für den islamischen Religionskundeunterricht in Nordrhein-Westfalen statt. Ausgerechnet unter Berufung auf das „Nihil obstat", das die katholische Kirche gegenüber Professoren der katholischen Theologie an staatlichen Universitäten in Anspruch nimmt, verlangten islamische Verbände die Abberufung des Professors für islamische Theologie, Muhammed Sven Kalisch, aus der akademischen Lehre für Religionslehrer. Der Koordinierungsrat der Muslime möchte „künftig die ‚Rechtgläubigkeit' von Islamprofessoren überprüfen und eine ‚Lehrbefugnis' ähnlich dem katholischen ‚Nihil obstat' ... erteilen oder entziehen".[56] Ohne dass für die Intervention der islamischen Verbandsvertreter in Münster/Westfalen eine rechtliche Grundlage bestanden hätte und obwohl hierdurch die Lehrfreiheit des betreffenden

---

54 BVerfG, 1 BvR 462/06 vom 28.10.2008. Der zweite Leitsatz des Beschlusses lautet: „Das Grundgesetz erlaubt die Errichtung theologischer Fakultäten an staatlichen Hochschulen im Rahmen von Recht und Pflicht des Staates, Bildung und Wissenschaft an den staatlichen Universitäten zu organisieren." Der Beschluss beruhte auf einer Verfassungsbeschwerde des evangelischen Theologen Gerd Lüdemann. Die Umstände dieses besonderen Einzelfalls bleiben an dieser Stelle unerörtert.

55 Z.B. verhält es sich in Großbritannien so, dass dort der Education Reform Act 1988 und die Unabhängigkeit der Wissenschaft für alle Fakultäten, d.h. auch für die Theologie, gelten.

56 Zit. nach Publik-Forum 26. September 2008, 34 („Wenn das der Prophet wüsste! Der Koordinierungsrat der Muslime wendet sich ab vom Islamgelehrten Muhammed Sven Kalisch: Er forscht zu kritisch").

Hochschullehrers sowie die Lernfreiheit der Studierenden in Mitleidenschaft gezogen wurden, setzten sie – sogar gegenüber dem Wissenschaftsminister des Landes Nordrhein-Westfalen Andreas Pinkwart – ihre Forderung durch. Dieser Vorgang veranschaulicht, dass im Spannungsfeld zwischen Religionen einerseits, Wissenschaftsfreiheit andererseits Letztere zurzeit in die Defensive gerät und dass sich sogar politische Verantwortungsträger nicht konsequent zugunsten der Wissenschaftsfreiheit einsetzen.

Gesamtgesellschaftlich gravierender als solche Konflikte zwischen Wissenschaft und Religion – herkömmlich beruhen sie auf Positionen der römisch-katholischen Kirche – sind freilich Gefährdungen und schleichende Aushöhlungen der Wissenschaftsfreiheit, die sich zurzeit in anderer Hinsicht zeigen.

4.2 Schleichende Aushöhlungen von Wissenschaftsfreiheit heute

Universität und Wissenschaft befinden sich in der Gegenwart in einem Zangengriff, den unterschiedliche Faktoren auslösen. Hierzu gehören die Finanzknappheit, problematische Arbeitsbedingungen und Arbeitsrechtsregelungen in den Universitäten oder politische sowie bürokratische Überreglementierungen, auf die die Deutsche Forschungsgemeinschaft schon 1996 hinwies: „Die Summe der Behinderungen hat in einzelnen Bereichen dazu geführt, daß in Deutschland keine Forschungsaktivitäten mehr durchgeführt werden oder ihr Anteil im internationalen Vergleich in den letzten zehn Jahren erschreckend geschrumpft ist, so zum Beispiel die Bearbeitung von Problemen, die auf Tierexperimente angewiesen sind. Der Vollzug des Tierschutzgesetzes hat wesentlich dazu beigetragen, daß die Forschung an und mit Primaten in Deutschland kaum mehr existiert. Gleiches gilt beispielsweise für die experimentelle Psychologie und Neuro-Psychoimmunologie, bestimmte Bereiche der Kreislaufforschung und die experimentelle Soziobiologie."[57] Die

---

57 Zit. nach F. Ossenbühl, a.a.O. 506f.

Aufzählung von Forschungshemmnissen ließe sich noch erweitern, z.B. unter Bezug auf das Patentrecht.

Die Patentierungsproblematik berührt die Forschungsfreiheit freilich in verschiedener Hinsicht. Einerseits beklagten Forscher sowie die pharmazeutische Industrie mit nachvollziehbaren Gründen ökonomische Nachteile sowie Innovationshemmnisse durch politische Aushöhlungen des Patentschutzes. Andererseits droht die Patentierbarkeit freie Forschung und wissenschaftliche Kommunikation ihrerseits zu behindern. Denn wissenschaftlich ist eigentlich die möglichst frühzeitige Publikation von Forschungsergebnissen erstrebenswert, wohingegen Unternehmen gegebenenfalls vorrangig an deren kommerzieller Verwertung und an Vertraulichkeit interessiert sind, so dass die Patentierung von Forschungsresultaten die Forschungsautonomie und -transparenz beeinträchtigt und ein Konflikt zwischen ergebnisoffener Forschung, der Veröffentlichung von Ergebnissen sowie wirtschaftlich-industrieller Anwendung aufbrechen kann. Ein zu uneingeschränkter Patentschutz gerät u.U. in Widerspruch zur Forschungsfreiheit sowie zur Sozial- bzw. Gemeinwohlpflichtigkeit des Eigentums (Grundgesetz Art. 14 Abs. 2), sobald er nämlich medizinisch und technisch sinnvollen Weiterverwertungen, weiterführenden Entdeckungen oder der Fortentwicklung von Verfahren durch universitäre oder außeruniversitäre Institutionen zuwiderläuft.[58] Im Jahr 2006 wurde in einem in „Science" erschienenen Artikel der Finger darauf gelegt, dass die Patentierung isolierter Stammzelllinien in den USA die Weiterverwendung in Forschung und Anwendung sehr einschränkt.[59]

---

58 Vgl. Rüdiger Wolfrum u.a., Die Gewährleistung freier Forschung an und mit Genen und das Interesse an der wirtschaftlichen Nutzung ihrer Ergebnisse, Frankfurt/M. 2002.
59 Cf. Jeanne F. Loring, Cathryn Campbell, Intellectual Property and Human Embryonic Stem Cell Research, in: Science Vol. 311, 24 March 2006, 1716-1717. – Ausführlich mit Beiträgen zahlreicher Autoren: Probleme der Patentierbarkeit im Zusammenhang der Stammzellforschung, in: Jahrbuch für Wissenschaft und Ethik Bd. 9, Berlin / New York 2004, 261-378.

Abgesehen von diesem speziellen Thema gilt, dass Wissenschaft heutzutage generell in Abhängigkeit von Dritten, nämlich Sponsoren oder industriellen Anwendern gerät und hierdurch ihre Freiheit, Ergebnisoffenheit und Transparenz ausgezehrt zu werden droht. Deshalb enthält der Verhaltenskodex der Max-Planck-Gesellschaft die Regel, dass ihre wissenschaftlichen Institute „(a)llein aus wirtschaftlichen Gründen und ohne die Perspektive, neue Erkenntnisse zu gewinnen, ... keine Bindung mit der Industrie eingehen" sollen.[60] Historische Beispiele für den Widerspruch zwischen freier ergebnisoffener Forschung und industriellem Interesse an bestimmten Forschungsergebnissen waren in den USA industriegeförderte Studien über die Auswirkungen von Tabakkonsum oder Asbest.

Die Gefahr, dass Forschung von Wirtschaftsinteressen geprägt wird, muss aktuell sogar wieder verstärkt aufgearbeitet werden. Vom Vorsitzenden der Kassenärztlichen Bundesvereinigung Andreas Köhler wird der sehr schroffe Satz zitiert: „Ich schätze, dass nur rund fünf bis zehn Prozent der Forscher mehr oder weniger pharma-unabhängig sind."[61] Jedenfalls besteht Anlass für kritische Nachfragen, ob die Publikation bzw. die Nicht-Publikation medizinisch-naturwissenschaftlicher Forschungsergebnisse von Sponsoren beeinflusst sein könnte. Ethisch ist diese Problematik so gravierend, weil die selektive Publikation von Forschungsergebnissen und klinischen Versuchen 1. zu wissenschaftlichem Qualitätsverlust[62] sowie 2. zu Lasten von Patienten zu erfolgen droht.[63] Der

---

60 Max-Planck-Gesellschaft, Verantwortliches Handeln in der Wissenschaft. Analysen und Empfehlungen, in: Jahrbuch für Wissenschaft und Ethik Bd. 7, Berlin/New York 2002, 497-508, hier 504.
61 Zit. nach Forschung & Lehre 2008, 143.
62 Vgl. Hermann Hepp, Frauen-„Heilkunde" und Geburtshilfe. Gedanken zum Abschied, in: Der Gynäkologe 39 / 2006, 933-941, hier 938.
63 Erick H. Turner et al., Selective Publication of Antidepressant Trials and Its Influence on Apparent Efficacy, in: The New England Journal of Medicine 358 / 2008, 252-260.

Gynäkologe Hermann Hepp bilanzierte mit skeptischem Unterton: „Gute Wissenschaft erwächst nur aus der Freiheit des Denkens."[64] Wie dringlich es heutzutage geworden ist, das Verhältnis von Wirtschaft und Forschung unter der normativen Vorgabe der Wissenschaftsfreiheit zu analysieren, zeigt sich ferner aufgrund der Privatisierung von Universitätskliniken. Anlässlich der Veräußerung der Universitätsklinika Marburg und Gießen an die Rhön-Klinikum AG soll der Hessische Ministerpräsident Roland Koch die gewundene Erklärung abgegeben haben, die Unabhängigkeit der Forschung bleibe bei diesem Erwerber vergleichsweise „am rechtsverbindlichsten" gesichert.[65] Dem Vorstandsvorsitzenden des Unternehmens, Pföhler, erschien der Erwerb des Universitätsklinikums Marburg-Gießen deshalb sinnvoll, weil „(n)ur in einem Universitätsklinikum ... ein Klinikkonzern wie Rhön internationale Spitzenforschung betreiben" könne. Der Konzern sei im Übrigen, anders als sonstige Unternehmen, die am Kauf interessiert waren, industrieunabhängig; die Freiheit der Wissenschaft werde gewahrt.[66] Insgesamt bleibt es aber eine offene Frage, ob der derzeitige (Teil-)Rückzug des Staates aus der Verantwortung für Wissenschaft und Forschung einen Grad an Fremdbestimmung wissenschaftlicher Lehre und Forschung nach sich zieht, durch den die grundgesetzliche Garantie der Wissenschaftsfreiheit konterkariert wird.[67]

Andere Tendenzen einer Aushöhlung der Wissenschaftsfreiheit beruhen weniger auf wissenschaftsfremden oder -externen, sondern

---

64 Hermann Hepp, a.a.O. 938.
65 Zit. nach FAZ 19.12.2005, 11.
66 Wolfgang Pföhler, Die Vollversorgung in der Fläche ist das Ziel, in: Deutsches Ärzteblatt 103 / 2006, A11-A12, hier A12.
67 Angesichts der derzeitigen Finanzierungsstruktur von Forschung an Universitäten – Rückzug des Staates, Dominanz von Drittmitteln – merkte der Humangenetiker Peter Propping an: „Das Abreißen der Förderung kann in diesem System das Ende einer ganzen Forschungsrichtung bedeuten" (Peter Propping, Die Exzellenzen retten die Wissenschaften nicht, in: FAZ 16.05.2007, N2).

auf wissenschaftsinternen Ursachen. So wirkt es sich auf die Kreativität und Freiheit von Forschung auf Dauer kontraproduktiv aus, dass das Renommee von Wissenschaftlern von der Anzahl ihrer Publikationen in bestimmten Zeitschriften abhängt.[68] Mit dem Ethos einer freien Wissenschaft ist es nicht vereinbar, dass Negativergebnisse, die für den wissenschaftlichen Erkenntnisgewinn eigentlich interessant wären, aus sachfremden Gründen erst gar nicht publiziert werden[69] oder dass Selbstregulierungsmechanismen der Wissenschaft nicht greifen. Letzteres zeigte sich am 2005 / 2006 aufgedeckten Forschungsskandal, der sich mit dem Namen des koreanischen Stammzellpioniers Hwang Woo-suk verbindet[70], oder am 2008 bekanntgewordenen Wissenschaftsskandal in Innsbruck, bei dem unhaltbare Therapieversprechen mit adulten Stammzellen eine Rolle spielten.[71]

Auf diese Weise sind Krisensymptome aufgezählt worden, die andeuten, wie fragil die Unabhängigkeit von Wissenschaftlern sowie die Freiheit wissenschaftlicher Forschung in der Gegenwart geworden sind. Diese Krisensymptome verdienen deshalb so große Aufmerksamkeit, weil es sich 1. um ganz unterschiedlich gelagerte, 2. zum großen Teil um soziostrukturell bedingte sowie 3. um schleichende, daher schwer kontrollierbare Trends handelt. Verschärfend kommt hinzu, dass sich Hemmnisse für die Wissenschaftsfreiheit, nämlich Planungs- und Rechtsunsicherheiten aufbauen, die vom staatlichen Gesetzgeber selbst stammen. Diese

---

68 So der Molekularbiologe und Herausgeber von "Development" Peter A. Lawrence, The Politics of Publication, in: Nature 422 / 2003, 259-261.
69 Cf. JAMA Vol. 290, 495, in Bezug auf Medikamentenforschung zur Tumorbehandlung.
70 Vgl. Henning Beier, Stammzellforschung und Stammzellfälschung: Lektionen aus dem Hwang-Skandal, in: Journal für Reproduktionsmedizin und Endokrinologie 3 / 2006, 4-5.
71 Scandalous behaviour. Austria's most serious report of scientific misconduct in recent memory must be handled properly, in: Nature 454 / 2008, 917-918.

Problematik sei exemplarisch am deutschen Stammzellgesetz dargelegt.

4.3 Einschränkung von Forschungsfreiheit durch den Gesetzgeber als Problem

Das deutsche Stammzellgesetz („Gesetz zur Sicherstellung des Embryonenschutzes im Zusammenhang mit Einfuhr und Verwendung menschlicher embryonaler Stammzellen" vom 28.06.2002) ist, auch unter Aspekten des staatlichen Schutzes der Wissenschaftsfreiheit, in manchem wegweisend. Denn es gestattet an humanen embryonalen Stammzellen nicht nur diagnostisch oder therapeutisch ausgerichtete Forschung, sondern ebenfalls allgemeine Grundlagenforschung (StZG § 5.1). Auf diese Weise würdigt es entgegen heutigen Tendenzen, die ganz auf die kurzfristige Nutzung von Forschungsergebnissen setzen, die Legitimität grundlagenwissenschaftlicher Erkenntnisinteressen, die langfristig angelegt sind. Andererseits engt es für die Bundesrepublik Deutschland die Forschung an embryonalen Stammzellen aber sehr viel stärker ein, als es in zahlreichen europäischen und außereuropäischen Ländern der Fall ist, da es sie grundsätzlich verbietet und unter Strafe stellt. Lediglich in Ausnahmefällen wird der Import ausländischer Stammzelllinien für hiesige Forschungsprojekte zugelassen. Diese Linien müssen vor einem bestimmten Stichtag (01.01.2002 bzw. – nach der Novellierung des Gesetzes im Jahr 2008 – 01.05.2007) aus ausländischen überzähligen Embryonen gewonnen worden sein.

Ethisch besitzt der Schutz früher pränidativer Embryonen, dem das Stammzellgesetz neben der Wissenschaftsfreiheit verpflichtet ist, hohen Rang. Gleichwohl wirft das Gesetz Rückfragen auf. Denn es ist wenig plausibel, die Gewinnung von Stammzelllinien auf das Ausland abzuwälzen; hier stellt sich wissenschaftsethisch das Problem der Doppelmoral. Darüber hinaus ist wiederholt die Frage aufgeworfen worden, inwieweit das als Verbotsgesetz angelegte Stammzellgesetz die Forschungsfreiheit nicht zu sehr in den

Hintergrund gerückt hat. Diese Rückfrage ergibt sich u.a. aus der Stichtagsregelung, der gemäß im Inland nur an älteren Stammzelllinien geforscht werden darf, die qualitativ auf Dauer unzureichend sind. Dass ein starrer Stichtag die Forschung an embryonalen Stammzellen begrenzt und er die Forschungsfreiheit einengt, ist schon allein deswegen problematisch, weil seine Fixierung – früher: der 1. Januar 2002; jetzt: der 1. Mai 2007 – auf gar keinem Sachargument, sondern auf einer bloßen Zufallsbegründung beruht. Der frühere Stichtag war der Erste desjenigen Monats (Januar 2002), in dem der Deutsche Bundestag seine Grundsatzdebatte zu diesem Thema geführt hatte. Der aktuelle Stichtag (1. Mai 2007) stellt den Monatsersten dar, der einer Expertenanhörung vor dem Bundestagsforschungsausschuss vorauslag. Es handelt sich um ganz willkürlich festgelegte Zeitpunkte.

Sicherlich ist einzuräumen, dass die Verlagerung des Stichtags auf den späteren Termin des 1. Mai 2007, die vom Deutschen Bundestag am 11. April 2008 beschlossen wurde, der Forschung in Deutschland vorläufig größeren Spielraum verschafft hat. Dennoch greift sie zu kurz. Denn es ist abzusehen, dass im Ausland bald nochmals jüngere Zelllinien verwendet werden, von denen die inländischen Forscher dann erneut ausgegrenzt sein werden. Einen Stichtag statisch und starr auf ein bestimmtes Datum zu fixieren, steht – abgesehen davon, dass das Datum willkürlich festgelegt wird – sachlogisch im Widerspruch zur Dynamik der naturwissenschaftlichen Forschung. Genauer gesagt: Sobald ein Stichtag unverrückbar feststeht, ist es vorprogrammiert, dass das Spannungsverhältnis zur Forschungsfreiheit permanent ansteigen wird. In welch hohem Maß ein starrer Stichtag eine im Lauf der Zeit ständig zunehmende Einengung der Forschungsfreiheit erzeugt bzw. sukzessiv ansteigend mit der Forschungsfreiheit kollidiert, hatte sich in den Jahren nach 2002 in Deutschland deutlich gezeigt. Es überrascht, dass das Parlament dieses Dilemma im Jahr 2008 sehenden Auges wieder in Kauf nahm.

An dieser Stelle muss darauf verzichtet werden, weitere Probleme des Stammzellgesetzes zu entfalten. Unter anderem ist bedenklich, dass hiesige Forschungsvorhaben ins Leere zu laufen drohen, da das Gesetz zwar „ausnahmsweise" die „Forschung" an importierten Zelllinien duldet (StZG § 1 Abs. 3 sowie § 5). Jedoch gestattet es nicht, eventuelle Forschungsergebnisse dann auch zu nutzen und anzuwenden. Inzwischen rückt es jedoch näher, dass – als Resultat der Forschung an humanen embryonalen Stammzellen – solche Zellen konkret für pharmakologische, toxikologische und für reproduktionstoxikologische Zwecke genutzt werden können. In Deutschland ist eine solche Verwertung von Ergebnissen der humanen embryonalen Stammzellforschung jedoch nicht statthaft. Dies erzeugt für die Forschung Planungs- und Rechtsunsicherheit und es steht im Widerspruch zum Grundrecht von Patienten auf Schutz ihrer Gesundheit und auf gesundheitliche Versorgung. Dem Geist der Wissenschaftsfreiheit gemäß ist die Frage aufzuwerfen, ob es vertretbar ist, naturwissenschaftliche Forschung und Entwicklung inländisch ins Leere laufen zu lassen.[72]

Auf die Schieflage, die zwischen den Restriktionen des deutschen Stammzellgesetzes und der im Grundgesetz verbürgten Forschungsfreiheit existiert, hatte neben zahlreichen anderen Stimmen die beim Mainzer Justizministerium angesiedelte Bioethik-Kommission Rheinland-Pfalz schon vor Langem, nämlich im Jahr 2002 aufmerksam gemacht: „Verbote im Embryonenschutzgesetz und im Stammzellgesetz greifen in die Wissenschaftsfreiheit ein". Dies sei deswegen bedenklich, weil „Artikel 5 Absatz 3 Grundgesetz ... die

---

[72] Ausführlicher zu den verschiedenen Problemen des Stammzellgesetzes aus Sicht des Verfassers: Hartmut Kreß, Medizinische Ethik, 2. Aufl. 2009, bes. 134-145; ders., Forschung ja – Anwendung nein? Medizinische, pharmakologische und toxikologische Nutzung humaner embryonaler Stammzellen in ethischer Sicht, in: Bundesgesundheitsblatt – Gesundheitsforschung – Gesundheitsschutz 51 / 2008, 965-972. Ebd. 947-1049 Beiträge weiterer Autoren zu aktuellen Fragestellungen der Forschung mit humanen embryonalen Stammzellen.

Freiheit von Wissenschaft und Forschung [garantiert]. Daraus erklärt sich die Verteilung der Begründungslast: Nicht die Freiheit ist zu begründen, sondern deren Einschränkung".[73] Genauso argumentiert aktuell die Bioethikkommission beim Bundeskanzleramt der Republik Österreich. Sie legte am 16. März 2009 eine Stellungnahme vor und empfahl für Österreich ein Stammzellgesetz, das auf eine Stichtagsregelung verzichten und auch sonstige Restriktionen vermeiden soll. Genauso wie es für die Bundesrepublik Deutschland gilt, ist der Wiener Kommission zufolge für Österreich festzuhalten, dass „das Verfassungsrecht ... Begründungs- und Argumentationslasten im Rechtsstaat" festlegt: „Vor dem Hintergrund der prinzipiellen Freiheitsvermutung und des liberalen Grundprinzips der Bundesverfassung liegt die Begründungslast für die Schaffung grundrechtsbeschränkender Verbote immer bei jenen, die Verbote fordern und postulieren, nicht hingegen bei den Befürwortern einer Erlaubnis. Die verfassungsrechtlich relevante Frage lautet daher nicht, ob es hinreichende Gründe für die Zulassung der Forschung mit bzw. der Gewinnung von embryonalen Stammzellen gibt, sondern ob ausreichende Gründe für deren Beschränkung bestehen."[74] Dieser Gedankengang der österreichischen Bioethikkommission bringt die normative Logik des Grundrechts auf Wissenschaftsfreiheit prägnant zur Geltung.

---

73 Bioethik-Kommission Rheinland-Pfalz (Hg.), Stammzellen, Bericht vom 23. August 2002, Mainz, 17.
74 Bioethikkommission beim Bundeskanzleramt (Hg.), Forschung an humanen embryonalen Stammzellen. Stellungnahme der Bioethikkommission beim Bundeskanzleramt, 16. März 2009, 33. Im Internet unter www.bundeskanzleramt.at/bioethik/.

5. Ethische Verantwortung von Wissenschaftlern als Korrelat der Wissenschaftsfreiheit

Voranstehend ist zunächst entfaltet worden, dass die Wissenschaftsfreiheit als Kultur- und Verfassungsrechtsgut in Neuzeit und Moderne zunehmend an Bedeutung gewonnen hat. Dies wurde in den Abschnitten 2 („Der Aufstieg der Wissenschaftsfreiheit zum kulturellen Gut in der Neuzeit") und 3 („Das Profil der Wissenschaftsfreiheit im Verfassungsrecht") dargelegt. Danach sind – gegenläufig – in Abschnitt 4 Gefahren einer schleichenden Auszehrung der Wissenschaftsfreiheit angesprochen worden, die sich gegenwärtig abzeichnen. Aufgrund dieser Krisensymptome ist es zum Gebot der Stunde geworden, die in Artikel 5 Absatz 3 des Grundgesetzes enthaltene normative Wertentscheidung zugunsten der Freiheit der Wissenschaft neu ins Licht zu rücken. Zwar wird man – wie der frühere Bundesverfassungsrichter Dieter Grimm betonte – „die alte Wissenschaftswelt, auf die die Wissenschaftsfreiheit ursprünglich bezogen war, nicht durch rechtliche Anordnung wiederherstellen" können. „Wohl aber kann das Recht der Wissenschaft Strukturen zur Verfügung stellen, unter denen die Autonomie angesichts der veränderten Bedingungen gewahrt wird."[75]

Darüber hinaus trägt die Wissenschaft selbst dafür Verantwortung, das Ideal der Wissenschaftsfreiheit mit Leben zu erfüllen. Der gesellschaftlichen Zukunftsfähigkeit kommen heute vor allem naturwissenschaftlich-technische Innovationen zugute. Daneben ist der Stellenwert der Geisteswissenschaften zu sehen. Für sie gilt die von Wilhelm von Humboldt formulierte Aufgabe, „die objective Wissenschaft mit der subjektiven Bildung ... zu verknüpfen"[76], unvermindert fort. Aufgrund der sinkenden Bindungskraft von Großorganisationen und Institutionen, politischen Parteien oder Kirchen

---

75 Dieter Grimm, Die Wissenschaft setzt ihre Autonomie aufs Spiel, in: FAZ 11.02.2002, 48.
76 W. von Humboldt, a.a.O. 377.

fällt den Geisteswissenschaften verstärkt die Funktion zu, zur transparenten Vermittlung wissenschaftlicher Fragestellungen und zur öffentlichen Wertediskussion beizutragen. Der frühere Bundeskanzler Helmut Schmidt brachte dies auf den Punkt, indem er von der „Bringschuld der Wissenschaft" sprach.[77]

Zum Vergleich ist an die Eigentumsgarantie des Grundgesetzes zu erinnern. Den Schutz des Eigentums und die Gewährleistung individueller Freiheitsrechte im Umgang mit Eigentum verbindet das Grundgesetz mit dem Postulat einer Sozialpflichtigkeit und mit dem Gemeinwohlgedanken: „Eigentum verpflichtet. Sein Gebrauch soll zugleich dem Wohle der Allgemeinheit dienen" (Art. 14 Abs. 2). Zur Wissenschaftsfreiheit hat das Grundgesetz auf eine analoge Klausel verzichtet. Dennoch existiert die Verfassungserwartung, dass die Wissenschaften sich ihrer vielfältigen ethischen Verantwortung stellen. Auch aus der Perspektive einer Ethik der kulturellen Güter ist zu unterstreichen, dass der Wissenschaft Verpflichtungen für die einzelnen Bürger, die Gesamtkultur und das Gemeinwohl auferlegt sind.

Hierzu gehört die Forschungsfolgen- und die Risikoverantwortung. Es liegt auf der Hand, dass das von Max Weber zu Beginn des 20. Jahrhunderts ins Spiel gebrachte Ideal der Wertfreiheit der Wissenschaft nicht mehr greift, weil Forschung zum Gegenstand ganz unterschiedlicher, auch ökonomischer Erwartungshaltungen geworden ist, zahlreiche Projekte von vornherein praxis-, wirtschaftlich verwertungs- und anwendungsorientiert sind und Forschungsfolgen häufig Risiken bergen. Umgekehrt greift freilich auch die Forderung viel zu kurz, Wissenschaft und Forschung sollten es überhaupt ganz vermeiden, „sich auf ethisch bedenkliche Felder [zu] begeben"; bei ethisch strittigen Themen, für die in den zurückliegenden Jahren oftmals die humane embryonale Stammzellforschung das Paradigma war, solle man von ethischen Abwä-

---

[77] Helmut Schmidt, zit. von der Max-Planck-Gesellschaft, a.a.O. 508.

gungen von vornherein absehen.[78] Zu einem derartigen Reflexions- und Handlungsverzicht ist eine Alternative hervorzuheben. Sie besteht darin, dass sich die Wissenschaft einer gesteigerten Verantwortlichkeit für ethisch-normative Abwägungen stellt – diese sind an den kulturellen Grundwerten und verfassungsmäßigen Grundrechten auszurichten – und dass sie Forschungsrisiken am Maßstab der Verhältnismäßigkeit überprüft. Für Letzteres gilt: „Unverhältnismäßig sind Risiken, die nicht geeignet, erforderlich und angemessen sind, um den erstrebten Nutzen zu erreichen."[79]

Das Korrelat zur Wissenschaftsfreiheit, die die Verfassung als Rechtsgut gewährleistet, ist mithin die ethische Verantwortung der Wissenschaft. Aus diesem Grund ist sogar das Leitbild wissenschaftlicher Forschungs*pflichten* zur Geltung zu bringen. Forschung soll sich an human erstrebenswerten Zielen ausrichten. Zwar können und dürfen einem einzelnen Forscher von Dritten oder vom Staat keine bestimmten Forschungsziele oder -vorhaben aufoktroyiert werden. Dies stünde im Widerspruch zur Wissenschaftsfreiheit als individuellem Freiheits- und Abwehrrecht; denn *„Forschungsgegenstand, Forschungsziel, Forschungsmethode und Forschungsvermittlung* sind ... freiheitsrechtlich geschützt. Hinzu tritt noch die *Freiheit der äußeren Forschungsbedingungen,* wie die Freiheit von Ort und Zeit." Diese „Freiheiten von Forschung und Lehre sind absolut garantiert."[80] Das Postulat einer Forschungspflicht ist daher nicht im Sinn konkreter Vorgaben oder Rechtsverbindlichkeiten zu verstehen, sondern als ethische Inpflichtnahme der Wissenschaft als Ganzer auszulegen. Neben dem einzelnen Wissenschaftler sollte die scientific community Forschungsdesiderate aufarbeiten und vernachlässigte Zweige der For-

---

78 Der Rat der Evangelischen Kirche in Deutschland zur Bioethik-Debatte am 22. Mai 2001, in: epd-Dokumentation vom 18. Juni 2001 (Nr. 26/01), 1f, hier 2.
79 P. Caesar (Hg.), a.a.O. 35.
80 R. Scholz, a.a.O. Rdnr. 110, 112.

schung bewusst ausbauen – z. B. in der Medizin die Forschung zugunsten benachteiligter Patientengruppen (orphan diseases).[81]

Abschließend ist an die Deutung von Wissenschaft zu erinnern, die zu Beginn des 20. Jahrhunderts der evangelische Theologe Adolf von Harnack vorgetragen hat. Harnack hat sich wissenschaftspolitisch unter anderem durch die Initiative zur Gründung der Kaiser Wilhelm-Gesellschaft zur Förderung der Wissenschaft, also der heutigen Max-Planck-Gesellschaft, engagiert. Sein Verständnis von Wissenschaft orientierte sich an methodischer Rationalität, intersubjektiver Überprüfbarkeit, Plausibilisierbarkeit und freier eigenverantworteter Wahrheitssuche: „Wissenschaft ist nicht abgeschlossene Lehre, sondern stets zu kontrollierende Forschung, und Wissenschaft ist allein an die kritisch geordnete Erfahrung gebunden."[82] Mit dieser Formulierung antizipierte er die Definition des Bundesverfassungsgerichtes, die unter Wissenschaft „alles" subsumiert, „was nach Inhalt und Form als ernsthafter planmäßiger Versuch zur Ermittlung der Wahrheit anzusehen ist"; dies folge „unmittelbar aus der prinzipiellen Unabgeschlossenheit jeglicher wissenschaftlichen Erkenntnis".[83]

Eine Ethik, die sich – der Tradition Schleiermachers folgend – als Theorie kultureller Güter versteht, vermag diese Definition aufzugreifen. Sie sollte durchdenken, wie die Wissenschaft selbst sowie die Rechtsordnung auf die Umbrüche, die für Forschung und Lehre derzeit relevant sind, normativ, konzeptionell sowie strukturell adäquat reagieren können.[84] Zu prüfen ist, in welcher Weise die

---

81 Ausführlicher aus Sicht des Verfassers: H. Kreß, Medizinische Ethik, Stuttgart 2. Aufl. 2009, 117ff.

82 Adolf Harnack, Die Aufgabe der theologischen Fakultäten und die allgemeine Religionsgeschichte, 1901, in: Reden und Aufsätze, 2. Bd., Gießen 1904, 161-187, hier 174f; wieder abgedruckt in: H. Kreß (Hg.), Theologische Fakultäten an staatlichen Universitäten, Waltrop 2004.

83 BVerfGE 35, 79 (113).

84 Zu einem einzelnen, in diesem Fall wissenschaftsinternen Problempunkt, dem des Fehlverhaltens von Wissenschaftlern z.B. durch die Manipulierung

Wertentscheidung des Grundgesetzes zugunsten der Wissenschaftsfreiheit den heutigen Rahmenbedingungen gemäß sachgemäß sichern lässt. Die Relativierungen von Wissenschaftsfreiheit, die oben skizziert worden sind, bedürfen einer sehr viel eingehenderen Aufarbeitung durch Ethik und Rechtswissenschaft als bislang. Hierbei sollten kultur- und rechtsvergleichende Gesichtspunkte eine Rolle spielen und das Verfassungsrecht sowie die Verfassungswirklichkeit in den verschiedenen europäischen Staaten miteinander verglichen werden, um Einsichten zu befördern, die zeitgemäß sind und einem anspruchsvollen, „starken" Verständnis von Wissenschaftsfreiheit zugute kommen.

von Forschungsergebnissen, vgl. Stefan Muckel, Der Ombudsmann zur Anhörung von Vorwürfen wissenschaftlichen Fehlverhaltens, in: Peter Hanau u.a. (Hg.), Wissenschaftsrecht im Umbruch, Berlin 2001, 275-297.

Hein Retter

Wissenschaftsfreiheit, Universität und Demokratisierung im historischen Kontext

Wo der Silberton – *Freiheit* – erklingt,
horcht jedes menschliche Ohr auf
und jedes Herz wird rege.
(Friedrich Gentz)

1. Freiheit und Illiberalismus an deutschen Universitäten

„Die deutsche Universität ist heute der freieste Fleck, den es auf der Erde gibt." Die Aussage ist ungewohnt und macht Eindruck. Wer könnte dies guten Gewissens jemals behauptet haben angesichts der politischen Situation Deutschlands in den letzten 200 Jahren? Die Äußerung findet sich im Buch Friedrich Paulsens über die deutschen Universitäten aus dem Jahr 1902 (1966, S. 287). Aber Paulsen zitiert nur. Er übernimmt die Aussage aus einer anderen Quelle. Der eingangs zitierte Satz stammt im Original aus einem 10 Jahre früher geschriebenen Aufsatz des amerikanischen Psychologen G. Stanley Hall (1844-1924), der wie viele andere Amerikaner in der Zeit des Kaiserreichs in Deutschland studiert hatte. Deutschlands Universitäten und seine höheren Schulen besaßen damals Weltruf und setzten internationale Standards. Andere Länder, darunter insbesondere Amerika und Japan, schickten ihre jungen Eliten zum Studium nach Deutschland. Die disziplinäre Entfaltung des amerikanischen Hochschulwesens, dessen Aufblühen die Neugründung mehrerer akademischer Disziplinen zur Folge hatte, fußte auf dem akademischen Rüstzeug, das sich eine ganze Generation junger amerikanischer Wissenschaftler an den führenden europäischen Universitäten, nicht zuletzt den deutschen, erwarb.

Dass vor rund 100 Jahren auf Grund von „illiberalen Tendenzen" an den Universitäten „ausländische Beobachter daher immer mehr [sic!] Kritik an den sozialen und politischen Schwächen des deutschen Systems" in der Kaiserzeit geübt haben sollen, wird im „Handbuch der deutschen Bildungsgeschichte" zwar behauptet (Jarausch 1991, S. 338), ist jedoch bislang nicht durch Benennung derartiger Beobachter belegt worden. Aber nehmen wir einmal an, es habe sie im Einzelfall gegeben: die wissenschaftlichen Standards der Universitäten konnten damit kaum gemeint sein, eher schon das nationale Gebaren mancher studentischer Verbindungen oder mancher Professoren. Gewiss auch die politischen Torheiten Wilhelms II. Dessen Eitelkeiten waren seit der denkwürdigen, von ihm eröffneten Schulkonferenz 1890 weder mit dem deutschen Bildungssystem verwechselbar, noch blieben sie der im Kaiserreich aufblühenden journalistischen *Satire* verborgen. Karikaturen des Monarchen im Münchener „Simplicissimus" waren keine Seltenheit. Beliebt war der umtriebige Hohenzollernspross in Süddeutschland ohnehin nicht; spätestens nach der "Daily Telegraph-Affäre" ließ er auch in Preußen gewisse Zweifel an seinen staatsmännischen Fähigkeiten aufkommen (Clark 2000; Clark 2007, S. 475 f.).

Damit soll weder das eingangs zitierten Lob G. St. Halls über die angebliche Liberalität der Universitäten im Kaiserreich für bare Münze genommen, noch die von der heutigen Bildungskritik herausgestellten sozialen und politischen Defizite dieser Zeit in Abrede gestellt, vielmehr die historische Optik erweitert werden. Wenn nach der 68er Bewegung die politische Rückständigkeit und nationalistische Ideologiebefangenheit der wilhelminischen Ära im Fokus „kritischer" Geschichtsschreibung stand, widmen sich neuere Veröffentlichungen, ohne unkritisch zu sein, auch den inhärenten gesellschaftlichen Modernisierungstendenzen jener Epoche.

Den Blick für die Mehrperspektivität der Vergangenheit offen zu halten ermöglichen komparative Studien. Um 1850 waren Englands Universitäten so unbedeutend, dass man sie hätte abschaffen können, ohne dass Wirtschaft und Gesellschaft des Landes darunter gelitten hätten, meint Harold Perkin (1983, S. 209). Englands Selbstvertrauen litt, wie Arthur Engel (1983, S. 299) ausführt, seit den 1880er Jahren darunter, dass Deutschland durch ein dichtes Netz von technischer, wissenschaftlicher und professioneller Bildung in der Lage war, in seinen Leistungen das tradierte englische System weit hinter sich zu lassen. Daran hatten die deutschen Universitäten hervorragenden Anteil, so Engel. „Bildung" war nur als „akademische Bildung" denkbar. Die Universitäten wurden zum eigentlichen Rückhalt dafür, dass im gesamten deutschsprachigen Raum (keineswegs nur im Deutschen Reich) die Universitäten die geistigen Eliten repräsentierten und zum Garanten für die neue gesellschaftliche Wertschätzung der Bildung wurden – im Kontext eines mit Art, Höhe und Qualität des Bildungsabschlusses verbundenen Berechtigungswesens. Letzteres fungierte als Regulativ sowohl für die Vergabe höherer Positionen im Staatsdienst als auch für das Ansehen der Gebildeten in der Öffentlichkeit.

Im Gegensatz zu den weitgehend nichtstaatlich finanzierten Universitäten Englands förderte in Deutschland der Staat als Träger des gesamten Hochschulwesens die Universitäten nicht nur finanziell, sondern auch strukturell-funktional. Die Gewährleistung ihrer Autonomie bei gleichzeitiger Sicherung der Effektivität staatlich anerkannter akademischer Ausbildungsgänge – unabhängig vom Promotionsrecht der Fakultäten – stellte ein wirksames Instrument der Hochschulpolitik dar. Watson (2000, S. 55) betont, dass England um die Jahrhundertwende zwar politisch das mächtigste Land der Welt war, „die großen kulturellen Anstöße aber vom deutschsprachigen Raum", insbesondere von Berlin und Wien, ausgingen. Der „Grund für die geistige Vorherrschaft der deutschsprachigen Welt" vor 100 Jahren seien die Universitäten. Sie waren mit dem Geistesleben fest verbunden und entfalteten ihre Wirkung inmitten einer sich neu ausbildenden Urbanität, die Foren für neue Ideen schuf, gleichzeitig aber auch die Zeitkritik beflügelte. Man kann darüber Klage führen – wie es die deutsche Bildungskritik ausgiebig demonstrierte –, in welchem Ausmaß die konservativen Kräfte versuchten, ihre Macht in der Monarchie zu nutzen, um liberale Entwicklungen zu unterdrücken. Aber mindestens ebenso eindrucksvolle Beispiele verdeutlichen, in welchem Ausmaß die Polarisierungen und Ausdifferenzierungen der Gesellschaft des *Fin de siècle* sich der Kontrolle der Politik entzogen (Clark 2007, S. 641 ff.).

Die gesellschaftliche Dynamik galt auch für den sozialen Wandel an den Universitäten. Die Professorenschaft für den Zeitraum 1885-1933 auf die Optik „Niedergang der Mandarine" (F. K. Ringer) einzuschwören, galt in den achtziger und neunziger Jahren des 20. Jahrhunderts als zeitgemäß. Heute ist diese Sicht immer noch von heuristischem Wert, aber kaum absolut zu setzen. Die unkritische Rezeption solcher griffigen Formeln leistete der Klischeebildung Vorschub (zur Kritik vgl. Tilitzki 2002, S. 46). Vor 30 Jahren ging es vor allem darum, die „Ideologien" einzelner Hochschullehrer als zeittypisch für die deutsche Professorenschaft vorzuführen; international anerkannte Leistungen der Universitäten im deutschsprachigen Raum, sei es in den Naturwissenschaften oder anderen Disziplinen, blieben dabei ausgeblendet. Eine heute verfasste *Geschichte des deutschen Studenten* kommt für die letzten 100 Jahre nicht umhin, den unterstellten „Illiberalismus" vor 100 Jahren mit jenem aggressivem Antiliberalismus zu vergleichen, den studentische Gruppen an den westdeutschen Hochschulen im „roten Jahrzehnt" 1967-1977 (Koenen 2001) praktizierten.

2. Von Humboldts Universitätsidee zur Wissenschaftsfreiheit in Kaiserreich und Republik

Humboldts Erneuerung der Universitätsidee zu Beginn des 19. Jahrhunderts wuchs auf dem Boden größter politischer Demütigung, der Niederlage Preußens gegen Napoleon. Die *Freiheit* sah Humboldt als die wesentliche Bedingung wissenschaftlicher Arbeit. Deren Ort ist die Universität. Zur *Freiheit* der Universität fügte er die

Einsamkeit des Wissenschaftlers als „hilfreich" hinzu. Von daher das geflügelte Wort, dass die Wissenschaft sich „in Einsamkeit und Freiheit" vollziehe.

Die organisatorische Konsequenz dieser Reformidee liegt in der Fürsorge des Staates, die Freiheit in Lehre und Forschung zu gewähren. (vgl. Mantl 1989, S. 14). Bei Humboldt ergibt sich aus der Freiheit der Verhältnisse ein Anspruch auf Gleichheit, wie ihn die Gemeinschaft der Lehrenden und Lernenden voraussetzt, ohne dabei die bestehenden Differenzen einebnen zu wollen. Stattdessen betont er die Pluralität, die sich aus individuellen und funktionalen Unterschieden ergibt. Aufgabe allgemeiner Bildung sei, „die tiefste und reinste Ansicht der Wissenschaft an sich hervorzubringen, indem man die ganze Nation möglichst, mit Beibehaltung aller individuellen Verschiedenheiten, auf den Weg bringt, der, weiter verfolgt, zu ihr führt, und zu dem Punkte, wo sie und ihre Resultate nach Verschiedenheit der Talente und Lagen, verschieden geahndet, begriffen, angeschaut, und geübt werden können, und also den Einzelnen durch die Begeisterung, die durch reine Gesammtstimmung geweckt wird, zu Hülfe kommt" (ebenda, S. 191 f.). Das Bundesverfassungsgericht definierte 1973 mit Bezug auf Humboldt die *wissenschaftliche Tätigkeit*. Sie sei „ein nach Inhalt und Form ernsthafter Versuch zur Ermittlung neuer, wahrer Erkenntnisse auf methodische, systematische und nachprüfbare Weise, die von verschiedenen Ansätzen ausgehen kann" (Freundlich 1984, S. 190). Im 19. Jahrhundert war der Weg zur Gewinnung der Wissenschaftsfreiheit immer noch mit großen Hindernissen bestückt, insbesondere wenn der Einfluss der Kirche dominant blieb wie in den romanischen Ländern. Dort ist die Unterrichtsfreiheit, nicht die Wissenschaftsfreiheit, gesetzlich geschützt. In Deutschland dominierte seit den Karlsbader Beschlüssen 1819 bis zur Revolution 1848 die Unterdrückung aller freiheitlichen Bestrebungen. An den Universitäten hatten staatlich eingesetzte Zensoren die Aufgabe, mündliche und schriftliche Äußerungen der Professoren auf mögliche staatsfeindliche Tendenzen hin zu überprüfen.

Obwohl die Revolution von 1848/49 als gescheitert betrachtet werden musste, zeigte in Preußen der Drang nach Liberalisierung mit der nun eingeführten konstitutionellen Monarchie Wirkung, auch wenn der Obrigkeitsstaat damit nicht abgeschafft wurde. Die preußische Verfassung von 1850 garantierte im Artikel 20 wie später die deutsche Reichsverfassung von 1871 im Artikel 152: „Die Wissenschaft und ihre Lehre ist frei." Wie frei die akademische Luft im Kaiserreich tatsächlich war, darüber kann man in der Tat unterschiedlicher Ansicht sein. Die im Zuge der Reichsgründung und des Kirchenkampfes einhergehende Liberalisierung ließ es jedenfalls zu, dass wissenschaftliche Kontroversen, die gesellschaftlichen Sprengstoff transportierten, öffentlich ausgetragen werden konnten. Rudolf Virchow hielt am 27. September 1877 in der *Versammlung der deutschen Naturforscher und Ärzte* einen Vortrag über „Die Freiheit der Wissenschaft im modernen Staat". Inhaltlich handelte der Vortrag von Ernst Haeckel und der von Haeckel verbreiteten Darwinschen Deszendenztheorie, die Virchow entschieden ablehnte. Der bedeutende Pathologe und Sozialreformer Virchow, Reichstagsabgeordneter der linksliberalen Partei des „Freisinns", vertrat die Ansicht, die Wissenschaft dürfe nicht so frei sein, dass sie Sachverhalte behaupte, die – wie die Lehre Darwins – weder bewiesen noch überhaupt beweisbar ist. Haeckel (1877, S. 68 f.) konterte wenig später, die Abstammungslehre sei „eine „völlig bewiesene und unentbehrliche Theorie", wobei er auf die Verfassungsgarantie der Freiheit der Wissenschaft verwies.

Die Weimarer Republik war die erste Demokratie auf deutschem Boden. Nach der unblutig verlaufenen Novemberrevolution und dem aus der Kriegsniederlage resultierenden Versailler Vertrag folgte eine Krisenzeit, die den Staat von Weimar mehrfach an den Rand eines politischen Kollapses brachte. Erst ab etwa 1924 gewann das Deutsche Reich wieder eine gewisse Stabilität. Die Universitäten schienen von den politischen Umbrüchen der Zeit weniger tangiert gewesen zu sein als andere Institutionen. Sie besaßen nach wie vor den Charakter einer Gelehrtenrepublik, deren Mitglieder, so möchte man meinen, weitgehend die Kontinuität des politischen Denkens der Kaiserzeit gewahrt hatten. Doch es wäre verfehlt, die „Altordinarien" im Übergang zur Republik in Bausch und Bogen als konservativ-republikfeindlich zu bezeichnen, wie es falsch wäre, in den Berufungen ab 1919 – dies gilt zumindest für das Fach Philosophie – das Auftreten neuer (links wie liberal bestimmter) Bewusstseinslagen bei der jüngeren Hochschullehrergeneration zu leugnen (Tilitzki 2002, S. 60 ff.).

In der Weimarer Verfassung vom 11. August 1919 hieß es im Artikel 142: *Die Kunst, die Wissenschaft und ihre Lehre sind frei. Der Staat gewährt ihnen Schutz und nimmt an ihrer Pflege teil.* Damit war gegenüber dem Kaiserreich im Grundsatz keine neue Sicht der Universität verbunden: Ausdrücklich betont der Kommentator der Reichsverfassung, Gerhard Anschütz (1960, S. 622), dass der erste Satz von Art. 142 „nicht einseitig individualistisch, als Gewährung eines persönlichen Freiheitsrechts" aufgefasst werden dürfe. Der Hinweis macht die *Differenz* deutlich zu der in späteren Abschnitten dargestellten Interpretation der Wissenschaftsfreiheit durch das Bundesverfassungsgericht im Grundgesetz (GG) für die Bundesrepublik Deutschland. Alles in allem wurde der Begriff „Freiheit der Wissenschaft" im Kaiserreich ebenso wie in der Weimarer Republik nicht auf den Wissenschaftler als Person bezogen, sondern verstanden als Verpflichtung des Staates zur Einrichtung und Unterhaltung der Universität sowie als Abwehrrecht gegenüber staatlichen Eingriffen in den universitären Lehr-, Forschungs- und Selbstverwaltungsbetrieb.

Dass die Weimarer Republik am Ende ihrer Zeit nicht mehr in der Lage war, die Lehrfreiheit zu schützen, muss erwähnt werden. Dort, wo die NSDAP in die Landesregierungen vor Hitlers Machtübernahme kam, wie 1930 in Thüringen und in Braunschweig, wurden unliebsame linksstehende Hochschullehrer aus der Universität entfernt. Nationalsozialistischen Studentengruppen drangsalierten missliebige Professoren und störten ihre Lehrveranstaltungen auch in Ländern wie Preußen, in denen die NSDAP in der Opposition stand.

3. „Demokratisierung" der Universität Jena im thüringischen Hochschulkonflikt 1922/23

In Thüringen suchte Anfang der zwanziger Jahre die amtierende linkssozialistische Staatsregierung die Landesuniversität Jena zu „demokratisieren". Ihr Vorgehen bewegte sich an den Grenzen der Legalität (vgl. Hübener 1924; Verband 1924). Die bildungskritische Geschichtsschreibung der deutschen Nachkriegszeit deutete diesen Konflikt als das Scheitern eines demokratischen Reformversuchs an einer konservativen Ordinarienuniversität. Dem soll im Folgenden eine alternative Lesart zur Seite gestellt werden (vgl. Retter 2007, S. 114 ff.).

Thüringen war am 1. Mai 1920 Land des Deutschen Reiches geworden, indem es die acht Frei- bzw. Volksstaaten, die sich 1918 nach der Revolution aus Fürstentümern gebildet hatten, in sich vereinigte. Nach den Wahlen zum zweiten Landtag im September 1921 besaß Thüringen unter Ministerpräsident August Frölich (SPD) eine von der SPD und den Unabhängigen Sozialdemokraten (USPD) gebildete Koalitionsregierung, die von der sie tolerierenden KPD abhing. Die seit Herbst 1920 sich abzeichnende Spaltung in der USPD führte dazu, dass der größere Teil zur KPD wechselte. In Thüringen waren das immerhin 26.300 USPD-Mitglieder (Mitzenheim 1965, S. 19). Dadurch gewann die thüringische KPD eine Massenbasis, von der sie zuvor nur träumen konnte. Die weitere Selbstdemontage der USPD führte ein gutes Jahr später dazu, dass der verbliebene kleinere Teil der USPD mehrheitlich zur SPD wechselte. Darunter befand sich auch der amtierende Volksbildungsminister Greil. Mitte Oktober 1923 bildete Frölich seine Regierung um, die nun aus SPD- und KPD-Mitgliedern bestand. Im Strudel der politischen Ereignisse konnte sich diese Regierung allerdings nur noch wenige Wochen im Amt halten.

Das Volksbildungsministerium stand mit dem Regierungsantritt Frölichs unter der Leitung des vormaligen Volksschullehrers und Bezirksschulrats Max Greil (USPD/SPD). Sein Ziel war, das „Gesetz über die Durchführung der Einheitsschule in Thüringen" vom 24. Februar 1922 und das Lehrerbildungsgesetz vom 8. Juli 1922 umzusetzen im Sinne einer sozialistischen Schul- und Hochschulreform, unter Einschluss der Lehrerbildung. Die Richtlinien vom 22. Januar 1923 sahen für die Volksschullehrerausbildung das Abitur als Eingangsqualifikation vor. Die alte Seminarausbildung für Lehrer sollte durch ein zweijähriges Universitätsstudium an der Universität Jena mit anschließender zweijähriger praktisch-pädagogischer Ausbildung ersetzt werden.

Das Ministerium Greil betrieb eine rigorose Personalpolitik im Sinne ihrer politischen Ziele, indem es die Berufungsliste der Universität ignorierte, wenn die Vorgeschlagenen nicht dem gewünschten politischen Spektrum entsprachen. Der Minister bevorzugte Wissenschaftlerinnen und Wissenschaftern, die politisch links standen oder zumindest dafür gehalten werden konnten. Die Berufungsvorschläge der Universität, so erläuterte später der in Jena lehrende DDR-Historiker Dieter Fricke, „mussten jedoch von der Thüringischen Landesregierung abgelehnt werden, weil die Vorgeschlagenen entweder von ihren wissenschaftlichen Leistungen und Fähigkeiten her den Anforderungen der Lehrerausbildung überhaupt nicht genügten oder weil es sich bei ihnen um bekannte Gegner der Schulreform bzw. der Ausbildung von Volksschullehrern an der Universität handelte. [...] Diese Maßnahme wurde von den reaktionären Kräften als eine Politisierung der Universität bezeichnet, die ihren Verfall zu Folge haben mußte" (Fricke 1964, S. 21 f.).

Fricke verdrehte im zentralen Punkt seiner Aussage die Tatsachen: Nicht das Ministerium bemängelte fehlende Fähigkeiten der von der Fakultät vorgeschlagenen Dozenten, sondern die Universität bemängelte mehrfach das zu geringe wissenschaftliche Niveau der ihr vom Ministerium aufoktroyierten Kandidaten. Greil selbst war kein Akademiker. So wurden 1923 in Jena zwei Pädagogik-Professuren besetzt, indem das Ministerium in einem Fall die Vorschlagsliste der Universität schlicht ignorierte, im anderen Fall der philosophischen Fakultät nicht einmal die Möglichkeit einräumte, eine Berufungsliste zu erstellen. Im erstgenannten Fall handelte es sich um den Hamburger Privatdozenten Peter Petersen, zu dessen Berufung durch das Ministerium die Fakultät nachträglich ihr Plazet gab, weil der Kandidat wissenschaftlich hinreichend ausgewiesen war. Im anderen Fall handelt es sich um die Berliner Studienrätin Dr. Mathilde Vaerting. Mit ihrer Berufung wurde sie die erste Frau Deutschlands auf einem erziehungswissenschaftlichen Lehrstuhl. Sie war nicht habilitiert; eine habilitationsadäquate Schrift, die die Berufung gerechtfertigt hätte, lag nicht vor. Einige kleinere Veröffentlichungen beschäftigten sich mit Fragen der Sexualität, des kriegsbedingten Männermangels und Vorschlägen zur Geburtensteigerung.

Zur Verfahrenstechnik des Ministeriums Greil gehörte es, die gebotene Anhörung der Fakultäten zu unterlaufen, indem der Universität in kürzester Frist Kandidaten vorgeschlagen wurden, die mittels gutachtlicher Stellungnahme gründlich zu beurteilen nicht möglich war, weil die Zeit nicht ausreichte (vgl. Hübener 1924). Aber nicht nur, dass Berufungslisten der Universität schlicht ignoriert, Bedenken der Fakultäten zurückgewiesen wurden und hochschulrechtlich vorgeschriebene Anhörungen nicht stattfanden: die Thüringische Staatsregierung griff auch massiv in die Universitätsstruktur ein.

So errichtete sie mit ihrem Beschluss vom 20. Oktober 1923 in der philosophischen Fakultät die „Erziehungswissenschaftliche Abteilung". In ihr sollten „die Pädagogik und ihre Hilfswissenschaften in enger Wechselwirkung mit dem pädagogischen Leben" verbunden werden (vgl. Verband 1924, H. 1, S. 6). Die Satzung der neuen Institution lieferte das Ministerium Greil gleich mit. Setzte eine solche Strukturveränderung in Jena und anderswo laut Universitätsstatut Anhörung *und* Zustimmung der Universität voraus, so strich die Regierung einfach die „Zustimmung" (vgl. Hübener 1924, S. 30). Auch Lehrbeauftragte der Erziehungswissenschaftlichen Abteilung, die das Ministerium einzustellen gedachte, benötigten damit weder die Habilitation als Lehrvoraussetzung noch war ihre Bestellung an die Zustimmung der Universität gebunden. Die Gründung zweier weiterer Abteilungen, einer mathematisch-naturwissenschaftlichen und einer philologisch-historischen, waren vom Ministerium bereits vorgesehen. Die philosophische Fakultät, die mit Schreiben vom 10. November 1923 aufgefordert wurde, dazu Vorschläge zu machen (vgl. Verband 1924, S. 6), stand damit praktisch vor der Selbstauflösung. Mit der erziehungswissenschaftlichen Abteilung, die Promotionsrecht haben sollte, versprach sich das Ministerium Greil über die eingeleiteten Neuberufungen die Sammlung der sozialistischen Kräfte im Sinne der Regierungspolitik. Der Protest der Universität verhallte ungehört.

Der „Verband der deutschen Hochschulen", hatte in der Sitzung seines Hauptausschusses gemeinsam mit der Rektorenkonferenz am 13. März 1924 nach Jena eingeladen, um die Vorkommnisse der – inzwischen nicht mehr amtierenden – Regierung Frölich im Thüringischen Hochschulkonflikt zu erörtern. Die Dokumentation der Vorgänge macht deutlich, dass die Mehrheit der deutschen Universitätsprofessoren das, was in Thüringen bis zum Spätherbst 1923 als Teil einer „demokratische Bildungsreform" an der Universität Jena ablief, nicht mit dem Geist Humboldts in Einklang stehen sah. Die Hochschulautonomie existierte praktisch nicht mehr.

Ob man den Protest der Universität Jena angesichts der Regierungspolitik nur als Ausdruck ungerechtfertigten konservativen Widerstands gegenüber fortschrittlicher Regierungspolitik zu bewerten hat, sollte bezweifelt werden. Sicher gab es auch in Jena konservative Professoren, die dem Weimarer Staat skeptisch bis ablehnend gegenüberstanden. Aber dass die „Arbeiterregierung" unter Frölich noch für die *liberale* Demokratie stand, wurde 1923 immer fraglicher. Die KPD suchte die politische Führungsrolle der SPD innerhalb der Thüringischen Arbeiterschaft selbst zu übernehmen. Auch wenn dies auf Grund der Maßnahmen der Reichsregierung nicht gelang, bleibt festzuhalten: Die KPD verfolgte das Ziel, die linkssozialistische Landesregierung „zu einem proletarischen Vorposten gegenüber jeder bürgerlichen Koalitionsregierung im Reich auszubauen", wie Paul Mitzenheim (1965, S. 20), zu DDR-

Zeiten Pädagogik-Professor in Jena, in seiner Dissertation über die Greilsche Schulreform formulierte.

Die liberale Demokratie, der Weimarer Staat, stand im Oktober 1923 in ganz Deutschland vor dem Aus. Im Rheinland agierte eine von Frankreich unterstützte Separatistenbewegung, in Bayern drohte ein Rechtsputsch, in Sachsen ein kommunistischer Umsturz – mit der Tendenz, sich auf Thüringen auszudehnen. In beiden Ländern saß die verfassungsfeindlich agierende KPD in der Regierung. Die unter enormem Druck stehende Reichsregierung ließ Truppen der Reichswehr in Sachsen und Thüringen einmarschieren, die gegen die KPD und sich mit ihr solidarisierende „proletarische Hundertschaften" vorgingen. Am 12. November traten die kommunistischen Minister zurück; am 23. November erfolgte ein reichsweites Verbot von KPD, NSDAP und DVFP (Deutsch-Völkische Freiheitspartei). Die Truppenmobilisierung in Sachsen und Thüringen führte in Berlin zum Rücktritt der SPD-Minister in der Reichsregierung; auf das Kabinett Stresemann folgte das Kabinett Marx (mit Stresemann als Außenminister). In Thüringen trat Frölich am 7. Dezember als Regierungschef zurück. Das Ende seiner Regierung bedeutete das Ende der Strukturreform der Universität Jena.

Der DDR-Historiker Fricke (1964, S. 21) urteilte, die thüringische Regierung der Jahre 1922/23 habe einen politischen Kurs verfolgt, der im Wesentlichen „den Arbeiterinteressen und der Forderung der KPD nach einer rücksichtslosen Säuberung des Beamtenkörpers von allen konterrevolutionären Elementen entsprach". Fricke hat Recht. Es ging darum, die bürgerliche Demokratie durch Errichtung eines Arbeiter-und-Bauern-Staates zu liquidieren, wie dies nach dem Zweiten Weltkrieg in der sowjetisch besetzten Besatzungszone dann auch gelang. Der junge KPD-Funktionär Walter Ulbricht, Sekretär der Bezirksleitung, kritisierte am 4. Oktober 1921 in der *Neuen Zeitung,* dem in Thüringen verbreiteten Organ der KPD, dass die breiten Massen der Arbeiterschaft sich „noch im Glauben an die segensreichen Wirkungen der bürgerlichen Demokratie" wiegen. „Die werktätigen Massen von diesen Illusionen zu befreien" sei Aufgabe der KPD (zit. nach Mitzenheim 1964, S. 20). Die liberale Demokratie war für die Kommunisten nur ein Mittel zum Zweck, dessen man sich möglichst bald entledigen wollte. Am 1. April 1922 schrieb Ulbricht in der *Neuen Zeitung:*

„Wir Kommunisten sind keinesfalls der Auffassung, dass durch die Umstellung im Beamtenkörper allmählich der Sozialismus herbeigeführt werden kann. Unseres Erachtens ist es aber möglich, durch Entfernung der reaktionären Beamten die Sabotage zu unterbinden und die beschränkten Möglichkeiten der bürgerlichen Demokratie in weitestgehendem Maße im Interesse der Arbeiter auszunutzen" (zit. nach Fricke 1964, S. 21).

Die linkssozialistische Regierung Frölich und die ihr folgenden rechtskonservativen Regierungen in Thüringen sind ein gutes Beispiel dafür, wie wenig die politischen Kräfte, aus denen die Weimarer Republik hervorging, sich den Begriff der (liberalen) Demokratie zu eigen machten. In der deutschen Bevölkerung existierte keine breite politische Mitte, die sowohl liberal als auch demokratisch dachte, wohl aber lähmte der tiefe Graben zwischen sozialistischen Links- und konservativen Rechtskräften demokratisch-liberale Entwicklungen. Auch wenn Anschütz (1960, S. 37) hervorhob, dass die Weimarer Republik „eine streng demokratische ist und sein darf", war die Demokratie als parteiübergreifender positiver Wertbegriff im öffentlichen Bewusstsein nicht verankert. Das konnte keineswegs nur der Wirksamkeit demokratiefeindlicher rechtslastiger Ideologien zugeschrieben werden, sondern war ebenso bei der politischen Linken zu beobachten. Darüber hinaus sorgten die Siegermächte dafür, dass ihr Verständnis von Demokratie, das sie im Versailler Vertrag zum Ausdruck brachten, auf deutscher Seite kaum mehr als ohnmächtige Empörung auslöste.

Der Gegensatz von *Demokratie* und *Diktatur* wurde in Deutschland 1930 von der Sozialdemokratie vor den Reichstagswahlen am 14. September zum Wahlkampfthema erhoben – als Antwort auf die Kampfansage von NSDAP und KPD an die SPD. Die Bezeichnung *Demokratie* für die politische Verfasstheit des Staates verankerte sich relativ spät im Bewusstsein der Deutschen. Genau genommen geschah dies erst nach dem Zweiten Weltkrieg, dann aber umso schlagkräftiger: Denn im Oktober 1949 gab es plötzlich zwei Verfassungen in Deutschland, die *beide* von Demokratie sprachen, aber diametral entgegen gesetzte politischen Systeme legitimierten. Beide Verfassungen verbürgten sich für die *Freiheit der Wissenschaft*. Hüben wie drüben wurde die Demokratie im öffentlichen Bewusstsein erst nach der Befreiung vom Nationalsozialismus das zur Identifikation auffordernde politische Leitbild, und dies in strikter beidseitiger Abgrenzung voneinander, die den Begriff des „Kalten Krieges" evozierte.

4. Sozialistische Demokratie und liberale Demokratie im geteilten Deutschland

Der von der SED in der sowjetisch besetzten Zone errichtete Staat, die Deutsche Demokratische Republik, war von Anfang an nicht von der Mehrheit der Bevölkerung gewollt. Das war der SED durchaus klar und bildete das Motiv für die Verhinderung von freien Wahlen. Die DDR war insofern ein *demokratischer* Staat, als der Sozialismus radikal umgesetzt wurde. Der erste realsozialistische Staat auf deutschem Boden stand für die berufliche Gleichstellung der Frau, für das Recht auf Arbeit, für die Einführung eines 10-jährigen Gesamtschulsystems mit polytechnischem Unterricht. Planwirtschaft, begrenzte ökonomische Ressourcen und begrenzte Einkommen sorgten für eine Homogenisierung der Gesellschaft, die die Unterschiede zwischen Arm und Reich einebnete, auch wenn für staatstreue Genossen Karriereleitern und Privilegien winkten. Für den DDR-Bürger, der in der Verfolgung einer höheren Idee von Sozialismus gewisse Einschränkungen des Lebensstandards in Kauf nahm, boten sich durchaus Möglichkeiten der Identifikation mit diesem Staat. Die DDR hatte einiges zu bieten, das in der Zeit des Ost-/West-Bildungswettlaufs manche westlichen Trendbeobachter gern importiert hätten.

Ab 1947 erfolgte in den Universitäten der SBZ/DDR der Kampf gegen die bürgerliche Professorenschaft. Eine jüngere Generation von Hochschullehrern rückte nach, die politisch mit den Zielen des ersten sozialistischen Staates auf deutschem Boden übereinstimmte oder sich ihr anpasste. „Bürgerliche" Studierende erlitten schon bei der schulischen Selektion für die Erweiterte Oberstufe Nachteile, wenn sie nicht den politischen Erfordernissen entsprachen. Ohne Absolvierung eines Grundkurses in Leninismus-Marxismus besaß ein Student der DDR keine Studienberechtigung. Nur unter *dieser* Bedingung, der Übereinstimmung von Lehre und Forschung mit dem wissenschaftlichen Sozialismus und den „gesellschaftlichen Erfordernissen" definierte sich hier das Verständnis von „Freiheit".

Die negativen Konsequenzen realsozialistischer Gleichheit bewerten wir heute als gravierender im Vergleich zu den scheinbaren Vorzügen des Systems. Gleichheit bewirkte nicht nur der grau in grau erscheinende sozialistische Alltag oder die geringe Auswahl an Konsumgütern, sondern der normierende Druck innerhalb der sozialistischen Gesellschaft. Schwerwiegend war die Drangsalierung all jener, die die bestehenden Zustände kritisierten, die Bespitzelung der Bevölkerung, die Lebensgefahr im Fall von „Republikflucht". Für die faktische Verweigerung von Grundrechten, die die DDR-Verfassung ausdrücklich nannte, wurde die „Mauer" zum eindrucksvollen Symbol. Die DDR war eine völlig von der die SED-Führung beherrschte, totalitäre Demokratie mit enger Bindung an die Sowjetunion. Hier wurde die relative Gleichheit der Bürger durch die sozialistischen Realitäten in einer Weise hergestellt, wie dies auf deutschem Boden bislang unbekannt war, von der KPD allerdings schon in der Weimarer Republik verfolgt wurde. Die Deutsche Demokratische Republik schenkte ihren Bürgern den wissenschaftlichen Sozialismus, aber sie verwehrte ihnen die Freiheit. So wurde die DDR zum *Zerrbild* der liberalen Demokratie.

Dass diese Einsicht bis 1989/90 bei den meisten Intellektuellen der alten Bundesländer mit wenigen Ausnahmen so nicht vorhanden war, sollte im Gedächtnis bleiben. Die Bezeichnungen *Regime* und

Unrechtsstaat für die DDR wurden erst nach der Vereinigung fester Bestandteil der Sprache der Publizistik. Kurz vor der Wende aber schien es fast so weit, dass der ersehnte Wunsch der SED-Führung, die völkerrechtliche Anerkennung der DDR auf politischem Weg zu erreichen, in manchen Kreisen der SPD zu einer erwägenswerten Option geworden war. Der Bundeskongress der Jungsozialisten hatte diese Forderung bereits 1985 erhoben.

Vergessen wir deshalb nicht, dass die moralischen Urteile, die wir fällen, wenn ein Staat als *Demokratie* bezeichnet, ein anderer aber als *Regime* negativ konnotiert wird, keineswegs absolute Gültigkeit haben, sondern Sichtweisen unterliegen, die sich im historischen Prozess ändern. Die jeweils gültige Moral hängt mit dem Selbstverständnis der politischen Macht zusammen, auf deren Boden sie gebildet wurde.

5. Die 68er Bewegung: Paritätische Gruppenuniversität versus Professorendominanz

Die staatliche Zusicherung der Wissenschaftsfreiheit erfordert es, ihr in bestimmten Bereichen *Schranken* zu setzen. Dies gilt für den Fall, dass die wissenschaftliche Tätigkeit andere Grundwerte und -rechte verletzt, ethische Grenzen überschreitet, oder risikoreiche Folgen für Mensch und Natur besitzt. Derartige Schranken führen heute dazu, dass der Begriff der Wissenschaftsfreiheit in seinen Randzonen *paradoxe* Bedeutungen annimmt. Ein Beispiel: Empirische Daten, die personbezogene Informationen einschließen, sind im Bereich der Schulforschung heute im Vergleich zu früher mit dem Risiko belastet, nach aufwendiger Antragsstellung vom Kultusministerium dann doch nicht genehmigt zu werden. Von daher wird sich ein Forscher angesichts seiner Entscheidungsfreiheit genau überlegen, ob er ein solches Projekt beginnen soll, zumal wenn er weiß, dass das eigene Projekt kaum im bildungspolitischen Interessenspektrum der gerade regierenden Parteien liegt.

Normalerweise wird über die *Schranken* der Wissenschaftsfreiheit auf der Ebene höchster gesellschaftlicher Relevanz diskutiert. Die Stammzellenforschung, die Produktion genetisch veränderter Lebensmittel, die Atomindustrie, der Naturschutz bieten immer wieder Beispiele für vorhandene Forschungsschranken. Im Bereich des Datenschutzes geht es um den Schutz der Persönlichkeit wie um den Schutz vor kriminellem und verbrecherischem Missbrauch von Erkenntnissen. Die genaue Bestimmung von Grenzen für die Forschung wird in der Öffentlichkeit überaus kontrovers diskutiert, was die Gewinnung eines von breiter gesellschaftlicher Akzeptanz getragenen Weges erschwert. Im globalen Konkurrenzkampf der naturwissenschaftlichen Forschung erweisen sich die aus ethischer Verantwortung und dem Schutz des Lebens für die Forschung resultierenden Schranken als nachteilig für denjenigen Staat, der sich in stärkerer Selbstbeschränkung übt, als dies andere Staaten mit vergleichbarem Technologiestand tun. Es scheint so, dass erst deutlich spürbare praktische Nachteile, die aus gesetzlichen Forschungseinschränkungen gegenüber internationaler Konkurrenz resultieren, den Gesetzgeber veanlassen können, die bestehenden Einschränkungen zu lockern. Darüber hinaus wird das Problem im Rahmen globaler Vereinbarungen und Kooperationen zwischen den Staaten und Staatenbünden zu regeln sein.

Die Selbstbeschränkung der Forschung ist gegebenenfalls aber auch dort geboten, wo sie von Mächten in den Dienst genommen wird, die ihre Unabhängigkeit in Frage stellen. Die Forschung von Großbetrieben der freien Wirtschaft sowie die von Konzernen gestützten Hochschuleinrichtungen besitzen in der deutschen Öffentlichkeit den Geruch, keineswegs der Allgemeinheit, sondern primär privaten ökonomischen Interessen zu dienen. In dieser den Liberalismus begrenzenden Grundeinstellung ist zweifellos ein Nachwirken der Sozialtheorien des 19. Jahrhunderts zu spüren, gleichgültig ob dieser Sozialismus in der christlichen Sozialbewegung, im Marxismus oder in der als Kathedersozialismus bezeichneten konservativen Nationalökonomie auftrat. Alle Varianten des Sozialismus, so unterschiedlich sie waren, gingen mit einer permanenten Kapitalismuskritik einher, die im Neomarxismus der 68er Generation dann noch einmal auf breiter Front zum Durchbruch kam.

Auch die beste Verfassung der Welt kann nicht ausschließen, dass der moderne Rechtsstaat von gesellschaftlichen Erschütterungen heimgesucht wird. Im Falle der 68er Bewegung brachten sie nicht nur den Staat und die Hochschulen in besondere Zwangslagen, sondern führten auch zu erbitterten Auseinandersetzungen zwischen den Generationen. Zeitweise schienen die Werte der liberalen Demokratie in Gefahr preisgegeben zu werden. Die Universität als Ort der Wissenschaft wurde sowohl Ausgangspunkt als auch Ziel radikaler Kritik, die die überkommenen Vorstellungen von akademischer Autonomie und Freiheit in Frage stellte. Der Protest einer politisierten Studentenschaft und einer ganzen Generation gesellschaftskritisch eingestellter junger Akademiker hielt die Gesellschaft in Atem. Gegenreaktionen von Universitätsleitungen und angegriffenen Hochschullehrern ließen nicht auf sich warten.

Der Protest der 68er Generation war keineswegs nur Aktion, sondern ebenso Reaktion auf die Erfahrung einer sich in mehr als zwei Jahrzehnten deutscher Nachkriegsgeschichte ausbildenden gesellschaftlichen Erstarrung und Verdrängung. In der restaurativen Adenauer-Ära konnten Funktionsträger der NS-Zeit hohe öffentliche Ämter wahrnehmen, ohne behelligt zu werden. Die 68er Generation forderte die Auseinandersetzung mit der braunen Vergangenheit. Freilich nahm der Faschismusvorwurf auch bald Züge eines agitatorischen Kampfbegriffs an, der die bestehenden Gesellschaft insgesamt treffen sollte. Mitte der sechziger Jahre begann der von der SPD ausgeschlossene Berliner Sozialistische Deutsche Studentenbund (SDS) sich zur außerparlamentarischen Opposition (APO) zu formieren. Die Freie Universität in Westberlin wurde Ausgangspunkt des studentischen Protests, der sich rasch auf weitere Universitäten Westdeutschlands übertrug.

Ein weiteres Kapitel politischer Erregung in der Bundesrepublik bildete die *Notstandsgesetzgebung,* über die die Bundesregierung seit Anfang der sechziger Jahre beriet. Eine breite, von linken Intellektuellen angeführte Bürgerrechtsbewegung protestierte gegen die Gesetze, die am 30. Mai 1968 verabschiedet wurden und seitdem Teil des Grundgesetzes sind. Für den Fall des staatlichen Notstandes können die Grundrechte eingeschränkt werden (Art. 17a Abs. 2 GG). Gegner der Notstandsgesetze sprachen vom „Notstand der Demokratie" (vgl. Ridder 1965; Ridder u.a. 1967).

Man muss auch den internationalen Kontext des Aufbegehrens sehen. In den endsechziger Jahren strebten in den USA Bürgerrechts-, Antivietnam- und Hippie-Bewegung ihrem Höhepunkt zu. Auch Frankreich hallte wider von Protesten demonstrierender Studenten gegen konservative Gesellschaftsstrukturen, staatliche Überwachung und Polizeigewalt. Während die DDR 1967/68 durch ein eigenes Staatsbürgerrecht und eine neue Verfassung politische Stabilität demonstrierte, zeigte der „Prager Frühling", dass die sozialistischen Regimes jenseits des Eisernen Vorhanges keineswegs gefestigt waren – eine Situation der Hoffnung, die der Einmarsch sowjetischer Panzer im August 1968 abrupt beendete (vgl. Zwahr 2007).

Nachdem im April 1967 gegen die USA-Intervention in Vietnam gerichtete studentische Protestdemonstrationen und Sit-Ins als Reaktion auf Sanktionen des Akademischen Senats der Freien Universität Berlin stattgefunden hatten, schlugen wenig später die politischen Auseinandersetzungen um in Gewalt. Niedergeknüppelte jugendliche Demonstranten, die gegen den Besuch des Schahs von Persien protestierten, und der Tod des Studenten Benno Ohnesorg am 2. Juni 1967 ließen Westberlin in das Licht internationaler Medienberichterstattung rücken. Die Dokumentation des brutalen Polizeieinsatzes machte die Unfähigkeit der Behörden deutlich, human und angemessen auf die jugendliche Protestbewegung zu reagieren, die in der nachfolgenden „heißen" Zeit ihrerseits zur Gewalt griff.

Der Staat, das autoritäre Establishment, die repressive Gesellschaft bildeten den Gegner für Kommunarden und studentische Protestgruppen unterschiedlichster linker Couleur. Soweit die medienwirksam inszenierte Aktionen – Demonstrationen, Streiks, Besetzungen – nicht *direkte* Gewalt gegen Personen oder Sachen beinhalteten, bewegten sie sich an der Grenze des Zumutbaren, die durch die neue Ästhetik der Inszenierung und alternative Lebensstile (Stichwort „Kommune I") ausgeweitet wurden. Der rebellierende Geist jugendlicher Demonstranten, der die „Befreiung des neuen Menschen" propagierte, entwickelte bei Polizei-Einsätzen Taktiken der Gegenwehr. Dass der Polizisten traktierende, zur Frankfurter Stadtguerilla zählende Joschka Fischer 1985 in Hessen Minister werden konnte und später als deutscher Außenminister kluge staatsmännische Reden hielt, schloss die Szene ebenso wenig aus wie die Bildung der terroristischen „Rote Armee-Fraktion".

Bei allem Aktionismus existierte eine Forderung der Studentenschaft, die diskussionswürdig blieb: die Forderung nach Mitbestimmung in der Universität. Deren Hierarchie stand im Kreuzfeuer der studentischen Kritik. Die geburtenstarken Abiturjahrgänge machten die Universitäten zu Masseneinrichtungen, das Vorlesungs- und Prüfungswesen wurde weitgehend vom akademischen Mittelbau bestritten. Beide Statusgruppen hatten ein Recht, in den Universitätsgremien angemessen repräsentiert zu sein. Da fragt man sich, ob die Studentenbewegung nur danach trachtete, der Freiheit der Wissenschaft den Boden zu entziehen, oder ob sie der legitime Versuch war, die eigenen Rechte anzumahnen und die Wissenschaft aus autoritären Strukturen zu befreien. Die Antworten auf diese Frage differierten in der Gruppe der Hochschullehrer. Die jüngere Generation ging überwiegend mit den Studenten. Jedenfalls wurde die akademische Freiheit *im bisherigen Verständnis* nicht mehr als unantastbar angesehen.

Die Studentenbewegung beharrte auf der mit dem demokratischen Prinzip begründeten *paritätischen* Repräsentation. Diesem Anliegen suchten einzelne SPD-Landesregierungen in ihrer Hochschulgesetzgebung nachzukommen. Doch innerhalb der Professorenschaft führte der Kampf um die Drittelparität zu einem unüberbrückbaren Konflikt zwischen konservativen und progressiven Gruppierungen. Diesen Konflikt auch nur ansatzweise lösen zu können verhinderte das Faktum, dass die Frage der Mitbestimmung Bestandteil eines revolutionären Kampfes aktiver Teile der Studentenbewegung war, mit dem die bestehende liberale Gesellschaft des „Spätkapitalismus" durch eine neomarxistisch, teilweise auch maoistisch inspirierte politische Ordnung ersetzt werden sollte. Dabei kursierte eine Fülle utopischer Visionen. die von der baldigen „Veränderung der gesellschaftlichen Verhältnisse" kündeten. Jenseits der von „Spontis" und K-Gruppen verbreiteten Radikalbotschaften wurden linke Positionen nun auch in der universitären Lehre hoffähig. In den Geistes- und Sozialwissenschaften gewannen sie rasch publizistische Dominanz. Besonderer Beliebtheit erfreuten sich die Vertreter der „Kritischen Theorie", insbesondere die Philosophen Horkheimer, Adorno, Habermas und H. Marcuse.

In der Demokratie liegt das Recht bei der Mehrheit. Die stand zu dieser Zeit links. Für die auf diese Weise demokratisch unterlegenen, weil weniger vorhandenen Vertreter der *Analytischen Philosophie* sprach Ernst Topitsch seine Enttäuschung darüber aus, dass die „Neue Linke" keine neuen Argumente anbiete. Vielmehr werde pessimistische Abwehr im Pathos linksromantischer Klage als „Dialektik der Aufklärung" zelebriert – sei es, dass die marxistische Teleologie der Geschichte mancherorts noch Hoffnungen beflügelte, sei es, dass an ihre Stelle wie bei Marcuse „der restaurative Affekt" gegen die wissenschaftlich-industrielle Revolution getreten sei (vgl. Topitsch 1969, S. 33; S. 57).

Um den sich abzeichnenden Entwicklungen an den bundesdeutschen Universitäten ein Gegengewicht zu setzen, gründeten etwa 100 Persönlichkeiten 1970 den „Bund Freiheit der Wissenschaft". Diese bis heute einflussreich gebliebene Vereinigung kann als Sammelbecken überwiegend konservativer Hochschullehrer gelten. Unter den Gründungsmitgliedern befanden sich auch bekannte Sozialdemokraten, die allerdings eher dem rechten als dem linken Flügel ihrer Partei zuzurechnen sind. Der historische Rückblick gestattet, zwei Gruppen in der neuen Institution zu unterscheiden. Die einen repräsentierten die Ordinarienuniversität mit dem Ziel, die tradierte Hochschulstruktur ohne Abstriche zu erhalten. Die anderen waren durchaus bereit, Studierenden und Mitarbeitern eine gewisse (aber keine „grenzenlose") Mitsprache einzuräumen, sahen gleichwohl im rabiaten Vorgehen der Studentenschaft eine Art von Selbstdiskreditierung, die die freiheitliche Demokratie gefährdete. Als wichtigste Forderung des Bundes Freiheit der Wissenschaft bezeichnet der *Gründungsaufruf* von 1970 die „Sicherung der staatlich kontrollierten Selbstbestimmung der im Zuge der Demokratisierung erweiterten Lehrkörper in allen Fragen der Wissenschaft und der wissenschaftlichen Qualifizierung".

Der an der Pädagogischen Hochschule Niedersachsen in Braunschweig lehrende Erziehungswissenschafter Walter Eisermann, Jahrgang 1922, schildert in seinen Erinnerungen, wie er als Mitglied der SPD in den Jahren 1970-74 von politisch radikalisierten Studentengruppen bis zum psychischen Zusammenbruch drangsaliert wurde (Eisermann 2008, S. 195). Ähnlich traf es andere „bürgerliche" Hochschullehrer. Eisermann belegt durch Zitate aus seiner Korrespondenz die wachsende Besorgnis, die die Führung der deutschen Sozialdemokratie angesichts der chaotischen Situation erfasst hatte. Dabei setzte sich die SPD-/FDP-Bundesregierung ab 1969 unter Bundeskanzler Brandt durchaus für gesellschaftliche Reformen ein. Die CDU/CSU trat dem entgegen. Die beiden christlichen Parteien wehrten sich generell gegen das Schlagwort Demokratisierung. das bei ihnen unter dem Verdacht stand, den von ihnen bekämpften Linksruck der bundesdeutschen Gesellschaft ideologisch zu legitimieren.

Der damalige CDU-Generalsekretär Bruno Heck, kritisierte „jene Apostel der Demokratie, die aus der Ordnung des Staates und der Gesellschaft eine Heilslehre zu machen versuchen, die sich für die Sprecher eines unaufhaltsamen, eines ‚geschichtlich notwendigen' demokratischen Prozesses halten, der deswegen keiner weiteren Rechtfertigung durch Erfahrung und Reflexion bedarf. [...] Demokratie, wie wir sie kennen, ist von Verfassungen, in denen sie eine geschichtlich konkrete Gestalt angenommen hat, nicht zu trennen.

Diese Verfassungen beziehen sich auf den Staat; Demokratisierung dagegen leitet sich von einer theoretisch gewonnenen Idealität, von einem Abstraktum ab. [...] Ein funktionsfähiger demokratischer Staat allein vermag eine liberale Entwicklung auch für die Zukunft gewährleisten. Das Konzept einer Demokratisierung dagegen, das dazu führen soll, den Staat gegenüber der Gesellschaft zu relativieren, müsste konsequenterweise zum Terror der Interessen führen" (Heck 1973, S. 74 f., S. 88).

6. Das Hochschulurteil des Bundesverfassungsgerichts 1973

In den SPD-geführten Ländern hatte der Ruf nach der Gruppenuniversität sichtbare Konsequenzen für die Hochschulgesetzgebung. Der Forderung nach Demokratisierung sollte dadurch Rechnung getragen werden, dass den Gruppen der Nichthochschullehrer ein bedeutendes Mitspracherecht eingeräumt wurde. Im Niedersächsischen Vorschaltgesetz von 1970 war vorgesehen, dass die Nichthochschullehrer in summa die gleiche Stimmenzahl in den Beschlussgremien erhalten sollten, so dass die Hochschullehrer in eine Patt- oder Minderheitssituation gegenüber dem Block der anderen Gruppen geraten konnten. Dagegen reichten 398 niedersächsische Hochschullehrer Verfassungsbeschwerde ein. Sie sahen ihre Rechtsposition durch das Niedersächsische Vorschaltgesetz gemindert.

Das Aufsehen erregende Urteil des Bundesverfassungsgerichts vom 29. Mai 1973 („Hochschulurteil") besaß leitende Funktion für seine Rechtsprechung in Universitätsangelegenheiten der Folgejahre. Es wurde ebenso Richtschnur für die Ländergesetzgebung. Der Erste Senat des BVerfG hatte mit seiner Entscheidung in mehrfacher Hinsicht „dogmatisches Neuland" betreten. Das machte das Urteil, das eine Flut von Kommentaren auslöste, so bedeutungsvoll. Es wurde von den Reformbefürwortern als enttäuschend und falsch, von den Reformgegnern als Bestätigung der eigenen Position gewertet (vgl. Freundlich 1984, S. 174 f.). Darauf möchte ich kurz eingehen.

Die Beschwerdeführer argumentierten, dass das Vorschaltgesetz gegen Art. 5 Abs. 3 GG verstoße, da die Gruppe der Professoren, die für Lehre, Forschung und Verwaltung die Hauptverantwortung tragen, in den Kollegialorganen nicht in der Mehrheit seien. Die Mitbestimmung über die Wissenschaft in der Universität als einer öffentlichen Einrichtung stehe nur Personen zu, die die Qualifikation selbständiger Forscher und Hochschullehrer besitzen. In diesem Hauptpunkt der Verfassungsbeschwerde gab das Gericht den Beschwerdeführern Recht. Der Clou des Urteils liegt darin, dass das BVerfG zwar die im Niedersächsischen Vorschaltgesetz und in Hochschulgesetzen weiterer Länder neu eingebrachte *paritätische* Besetzung der Beschlussgremien als nicht verfassungskonform zurückwies, damit aber keineswegs das Modell einer wie auch immer gearteten „Gruppenuniversität" im Sinne der Teilhabe der Nichthochschullehrer an Entscheidungen in der akademischen Selbstverwaltung in Frage stellte. Entscheidend sei nur, dass Vertreter der Hochschullehrer bei hochschulrelevanten Entscheidungen des zuständigen Kollegialorgans die absolute Mehrheit gegenüber allen anderen Gruppen bilden. Dies gelte insbesondere bei Berufungsangelegenheiten und Fragen der Forschungsorganisation. Neu war die Feststellung, dass die Garantie der Wissenschaftsfreiheit „weder das überlieferte Strukturmodell der deutschen Universität zur Grundlage, noch ... überhaupt eine bestimmte Organisationsform des Wissenschaftsbetriebes an den Hochschulen" vorschreibe (BVerfGE 35, S. 79). Doch der Staat müsse auch im Organisationssystem der Gruppenuniversität „der herausgehobenen Stellung der Hochschullehrer Rechnung tragen" (ebenda).

Das Bundesverfassungsgericht wies auch die Auffassung zurück, wie sie der Hamburger Rechtslehrer Gerd Roellecke vertrat, die Wissenschaftsfreiheit sei als ein Unterfall der Meinungsfreiheit zu betrachten. Ganz und gar nicht. Denn nicht nur die Gewinnung, sondern auch die Vermittlung und Weitergabe wissenschaftlicher Erkenntnis (ja sogar Forschungsansätze, die sich als fehlerhaft herausstellen) unterstehen dem Schutz von Art. 5 Abs. 3 GG. Der Schutz der Wissenschaftsfreiheit sei vielmehr eine *Wertentscheidung*.

1958 hatte das Bundesverfassungsgericht erstmals von den Grundrechten als einer *objektiven Wertordnung* gesprochen. Dieser Ansatz bestimmte das Hochschulurteil 1973 maßgeblich. Der Wegbereiter dieser Sichtweise war Rudolf Smend mit seiner geisteswissenschaftlichen Interpretation des Verfassungsrechts („Integrationslehre"). Smend hatte schon in der Weimarer Republik die Grundrechte zu einem besonders schützenswertem Gut erklärt und damit der damals vorherrschenden positivistischen Rechtsauffassung, wie sie von Hans Kelsen vertreten wurde, vehement widersprochen. (in Smend 1968, S. 89 ff.; vgl. Retter 2007, S. 784 ff.). Im Hochschulurteil von 1973 wirkt die Smendsche Integrationslehre nach.

Das wirklich Neue des Hochschullehrerurteils besteht darin, dass es nicht mehr die Universität als Institution, sondern den Hochschullehrer als Individuum in den Kernbereich der Wissenschaftsfreiheit stellt. Die universitäre Lehre und Forschung stelle einen „von staatlicher Fremdbestimmung freien Bereich persönlicher und autonomer Verantwortung des einzelnen Wissenschaftlers" dar (ebenda, S. 113). Die Interpretation der Wissenschaftsfreiheit als Individualrecht des Hochschullehrers bedeutet gleichzeitig, dass er als Wissenschaftler viel stärker in die Pflicht genommen wird, eine sozialethische Entscheidung im Sinne einer Selbstbeschränkung zu treffen, sofern die Forschung mit unabsehbaren risikoreichen Folgewirkungen verbunden ist. Dieser Gesichtspunkt, der mir zentral erscheint, wurde in der damaligen Diskussion des Hochschullehrer-Urteils kaum beachtet. Die Urteilsschelte einer Reihe von bundesdeutschen Rechtslehrern besaß eine ganz andere Stoßrichtung.

Das höchste Gericht habe die Verflechtung der Wissenschaft mit der Gesellschaft zu wenig berücksichtigt, so reagierte der heute als Autor guter Krimis geschätzte Bernhard Schlink 1973. Das Gericht habe sich in unzulässiger Weise angemaßt, so Schlink, durch seine Vorgaben den Gestaltungsspielraum des Gesetzgebers einzuschränken. Dass zum Hochschulurteil zwei dissentierende Richter des zuständigen Senats ein Minderheitenvotum abgaben, in welchem der zuletzt geäußerte Kritikpunkt eine zentrale Rolle spielte, sei angemerkt. So souverän dieses Urteil uns heute erscheint und so wegweisend es für die Hochschulgesetzgebung der nachfolgenden Jahre werden sollte, so wenig brachte es im Jahr 1973 Ruhe in die laufenden Auseinandersetzungen um die Verfassungsgemäßheit der Hochschulgesetzgebung.

Der Gießener Rechtswissenschaftler Helmut Ridder (1919-2007) konnte sich in seiner Urteilsschelte über die vom Bundesverfassungsgericht gewährte „grenzenlose Individualfreiheit der Hochschullehrer" kaum beruhigen, wurde doch das demokratische Prinzip der Partizipation gegenüber dem liberalen Prinzip der Lehr- und Forschungsfreiheit der Hochschullehrer relativiert. Ridder meinte, die niedersächsischen Kollegen wollten mit ihrer Verfassungsbeschwerde nur ihre professoralen Privilegien sichern, wozu Karlsruhe ihnen dann auch verholfen habe. So gesehen schlage das höchstrichterliche Urteil „dem Grundgesetz geradezu ins Gesicht" (Ridder 1975, S. 136). Der Grundgesetzkritiker Ridder interpretierte den Wirtschaftsliberalismus der westdeutschen Gesellschaft als Folge einer interessenbestimmten *Instrumentalisierung* des Grundgesetze durch die Macht des Kapitals,. Diese Macht blockiere dauerhaft die Aufgabe des Staates, für soziale Gerechtigkeit einzutreten. Nach Ridder stehen Gesellschaft wie Universität allzu sehr im Dienst des kapitalistischen Systems. Ridders Realutopie war der Wirtschaftssozialismus. Denn „keine bürgerlich demokratische Verfassung könne sich anheischig" machen, so der streitbare Jurist, „das Stattfinden von Geschichte zu verbieten" (ebenda, S. 109). Wie Wissenschaftsfreiheit und Forschung in einem Staatswesen ausgesehen haben würde, wenn der Neomarxismus sich als herrschende Lehre in der Bundesrepublik tatsächlich durchgesetzt hätte, wäre heute aus dem historischen Abstand von mehreren Jahrzehnten eine Diskussion in aller Nüchternheit wert.

7. Der Radikalenerlass und seine Folgen

Der 1972 durch eine Kommission der Regierungschefs der Länder unter Vorsitz von Bundeskanzler Brandt in Kraft gesetzte so genannte „Extremistenbeschluss" *(Radikalenerlass)* war eine Antwort des Staates auf die sich ausbreitenden kommunistischen und terroristischen Gruppen (K-Gruppen; Revolutionäre Rote Zellen, Rote-Armee-Fraktion). Beamtenanwärter, die „verfassungsfeindlichen Aktivitäten" nachgingen bzw. einer verfassungsfeindlichen Organisation angehörten, sollten nicht Beamte sein. Nicht verfassungstreu gesinnte Referendare sollten nicht Beamte werden. Doch die Feststellung der Verfassungstreue wurde zum eigentlichen Problem. War die Teilnahme an einer Demonstration von Atomkraftgegnern eine verfassungsfeindliche Aktivität? War es schon massive Kritik an der Bundeswehr? War es der Gebrauch der Abkürzung „BRD" im offiziellen Schriftverkehr, angesichts des Faktums, dass die DDR sie in ihrer Publizistik für die Bundesrepublik Deutschland verwandte?

Das waren Beispiele von Sachverhalten, die in der Einzelüberprüfung von Beamtenanwärtern bei manchen Prüfern zu „politischen Bedenken" führten (Küchenhoff, in Koschnick 1979, S. 25). Kritisches Denken kam in den Verdacht staatlicherseits unerwünscht zu sein. Auch wenn hier primär nicht die Wissenschaftsfreiheit, sondern die Freiheit der Meinungsäußerung zur Diskussion stand, war die Universität davon besonders betroffen. Nicht nur weil die Verbeamtung Teil der wissenschaftlichen Karriere ist, sondern auch weil das Bestreben, die gewonnene wissenschaftliche Erkenntnis mit guten Argumenten der Kritik auszusetzen, zum beruflichen Alltag des Wissenschaftlers gehört.

Das BVerfG-Urteil zum Thema „Extremisten im öffentlichen Dienst" vom 22. Mai 1975 stellte unter Verweis auf Art. 33 Abs. 5 GG fest: Zu den *Grundsätzen des Berufsbeamtentums* gehöre, dass der Beamte „jederzeit für die freiheitliche demokratische Grundordnung eintritt". Das Bundesverfassungsgericht hielt fest, dass das Grundgesetz die Bundesrepublik als eine „streitbare, wehrhafte Demokratie" konstituiert habe (S. 103 f.). Die *politische Treuepflicht* „fordert vom Beamten mehr als nur eine formale korrekte, im übrigen uninteressierte, kühle, innerlich distanzierte Haltung gegenüber Staat und Verfassung"; sie fordert vielmehr, dass der Beamte Partei „für diesen Staat" ergreift, insbesondere in Konfliktsituationen. Dazu gehört auch die eindeutige Distanzierung von Gruppen und Bestrebungen, „die diesen Staat, seine verfassungsmäßigen Organe und die geltende Verfassungsordnung angreifen, bekämpfen und diffamieren" (Entscheidungen 1975, S. 334). Die Überprüfung der Verfassungstreue darf sich nicht in der Aufsummierung einzelner Aktivitäten oder der Aufzählung einzelner Beuteilungselemente erschöpfen. Vielmehr ist „ein prognostisches Urteil über die *Persönlichkeit* des Bewerbers" und sein Verhalten erforderlich, wie es den sonstigen Beurteilungen von Dienstvorgesetzten über die Befähigung einzelner Bewerber entspricht (ebenda, S. 353).

Hier war für die relativ vielen politisch links eingestellten Lehrenden als Staatsbeamte eine Linie gezogen, die gebot, geäußerte Grundsatzkritik an politischen Zuständen im Staat deutlich von der Infragestellung des freiheitlichen Rechtsstaates abzugrenzen. Dem nachzukommen erzeugte wiederum Zweifel, ob freie Meinungsäußerung und akademische Lehre tatsächlich noch so frei sein konnten wie vor dem BVerfG-Urteil. In den „heißen" 70er Jahren war die Schwierigkeit der Urteilsbildung bei Bewerbern für die Beamtenlaufbahn hinsichtlich der Gewähr ihrer politischen Treuepflicht durch das BVerfG-Urteil nicht geringer geworden. Unzufriedenheit herrschte sowohl bei der SPD als auch bei der FDP. Aber es gelang der SPD-/FDP-Bundesregierung nicht, den Radikalenerlass außer Kraft zu setzen durch eine verbesserte Fassung der Grundsätze für die Überprüfung der Verfassungstreue im öffentlichen Dienst. Der Antrag scheiterte 1978/79 an der CDU-/CSU-Mehrheit im Bundesrat.

Die CDU/CSU sah jene politische Stabilität, die die Bundesrepublik seit der Ära Adenauers und Erhards auszeichnete, durch Unterwanderung des Staates mit linken Revolutionären auf dem

Hintergrund des Ost-West-Konfliktes ernsthaft bedroht. Die Kämpfer gegen den Staat der spätkapitalistischen Gesellschaft sollten nicht den Umsturz und den Pensionsanspruch gleichzeitig planen dürfen – wie Hanna-Renate Laurin als Berliner Wissenschaftssenatorin einmal formulierte. Ernst Benda, von 1971 bis 1983 Präsident des Bundesverfassungsgerichts, sagt es noch einfacher: *Niemand kann einem Staat dienen, wenn er ihn innerlich ablehnt.*[1] Diese Norm markierte die Grenze, die schon Friedrich Paulsen (1966, S. 316) der Lehrfreiheit des Universitätsprofessor gesetzt hatte.

Innerhalb der SPD und FDP war man zwar weit davon entfernt, *Verfassungsfeinde* als Staatsdiener einstellen zu wollen, aber für beide Parteien schien die Bundesrepublik bei aller noch vorhandenen Intaktheit der demokratischen Institutionen in ein Klima der Intoleranz und der Gesinnungsschnüffelei zu versinken – mit der Folge wachsender Verunsicherung der Bürger, insbesondere der jungen Generation. Was durfte man überhaupt kritisch öffentlich äußern, ohne sich dem Vorwurf der Verfassungsfeindlichkeit ausgesetzt zu sehen, wenn schon die Äußerung einer bestimmten *Meinung* in den Verdacht der Verfassungsfeindlichkeit führen konnte? Hier war die Befürchtung, der totale Staat werde wieder eingeführt, nicht völlig unbegründet. Die Auffassung, aktive Kommunisten, die die liberale Demokratie bekämpfen, böten keine Garantie dafür, dass sie als Staatsdiener für die Werte der Verfassung aktiv eintreten (in Koschnick 1979, S. 70 ff.), ist allerdings ebenso richtig. Dass über die Frage der Verfassungsgemäßheit der politischen Haltung und der Art ihrer Feststellung eine tiefe Kluft gegensätzlicher Standpunkte auch in der Wissenschaft herrschte, insbesondere bei jenen Wissenschaftlern, die es eigentlich wissen müssten, zeigt die Auseinandersetzung zwischen den Verfassungsrechtlern Böckenförde und Kriele 1978 (ebenda, S. 76-81).

---

1   Ernst Benda: Stichwort „Freiheitlich-demokratische Grundordnung". In: Handwörterbuch des politischen Systems der Bundesrepublik. Bundeszentrale für Politische Bildung. Online über: www.bpb.de [25.1.2008]

Der Protest der großen Mehrheit der Intellektuellen der Bundesrepublik gegen den Radikalenerlass ist bekannt. Er ist auch nachvollziehbar. Niemand darf wegen seiner politischen Anschauungen benachteiligt werden (Art. 3, Abs. 1 GG). Der in der Schweiz lebende Alfred Andersch, aber wohl nicht nur er allein, verglich in seinem Gedicht „Artikel 3" den Radikalenerlass mit dem Kommunistenverbot Hitlers nach seiner Machtergreifung 1933. Dieser Vergleich ist mehr als fragwürdig. Der historische Abstand lässt erkennen, wie sehr die politische Erregung damals das Urteil trüben konnte, wie locker die Vergleiche mit der NS-Zeit von den Lippen flossen und wie wenig diejenigen, die einer sozialistische Gesellschaftsvorstellung anhingen, angesichts der Verhältnisse jenseits der Mauer ein Bewusstsein für den Schutz der Liberalität und die Werte der liberalen Demokratie besaßen, auch wenn sie diese für ihre eigenen Zielsetzungen in Anspruch nahmen.

Der tiefe politische Riss, der die Gesellschaft der Bundesrepublik Anfang der siebziger Jahre spaltete, war keineswegs auf die Auseinandersetzung zwischen Professoren und Studierenden begrenzt. Dieser Riss ging mitten hindurch durch die Gruppe der Hochschullehrer, durch die großen Parteien und durch die Regierungen der Länder. Denn schließlich waren es nicht nur aufmüpfige Studenten, die Mitsprache in der Universität forderten, sondern es waren Landesregierungen und deren Juristen, die in entsprechenden Gesetzen die paritätische Mitbestimmung Wirklichkeit werden ließen – wie etwa in Niedersachsen und Bremen. Aus heutiger Sicht resultierten aus diesem Konflikt *Lernprozesse auf beiden Seiten,* die insgesamt zu einem positiven Ergebnis führten. Die letzte Entschärfung des Problems besorgte die deutsche Wiedervereinigung, die für die Universitäten Ostdeutschlands Herausforderungen ganz neuer Art bedeuteten.

Ein nicht unbedeutender Teil der 68er Bewegung vollzog nach der Implosion des Studentenprotestes die berufliche Selbstintegration in Staat und Öffentlichkeit. Das ihr inhärente energetische Restpotential zur Veränderung der Gesellschaft konnte so durchaus mit Gewinn das ökologisch und sozial ausgerichtete Reformdenken der Gegenwart bereichern – ein Transformationsphänomen, das besondere Beachtung verdient.

8. Zum Verhältnis von Wissenschaft und Politik

Alles in allem ist das Verhältnis zwischen Wissenschaft und Politik heute entspannter als vor 40 Jahren. Derartige Spannungen werden auch unter befriedeten liberalen Verhältnissen vermutlich nie völlig zu vermeiden sein, da beide Berufsgruppen, Wissenschaftler und Politiker, unterschiedliche Aufgaben in der Gesellschaft wahrnehmen, gleichzeitig aber auch in einem direkten Bezugsverhältnis zueinander stehen. Deshalb lohnt es sich, nicht nur beider Distanzen, sondern auch ihre Berührungspunkte zu beleuchten. Wissenschaftler und Politiker haben vieles miteinander gemeinsam, Beide üben großen gesellschaftlichen Einfluss aus und besitzen jeweils in ihrem eigenen Professionsbereich einen relativ großen Freiraum. Beide sind an den Rechtsstaat gebunden und unterliegen der Kontrolle der Öffentlichkeit in besonderem Maße.

Macht, Interesse und Geld spielen in der Politik eine Rolle, in gewisser Hinsicht auch in der Wissenschaft. Anders als hierzulande sind für die angloamerikanische Mentalität das wohlverstandene ökonomische Eigeninteresse und das Gemeinwohl weder für die Politik noch für die Wissenschaft unvereinbare Gegensätze. Diese Sichtweise steht in der Tradition der Politökonomie eines John Locke und eines Adam Smith. Die Wahrnehmung des ökonomischen Eigeninteresses wird hier geradezu zum Garanten für den allgemeinen Fortschritt. Die vom Staat unterhaltenen deutschen Universitäten haben sich zwar schon lange vor der Einführung der heute gängigen Evaluationspraxis dieser Einstellung geöffnet, aber die Einsicht in die Notwendigkeit, dass jeder Institutsleiter gleichzeitig auch Unternehmer zu sein habe, ergab sich erst aus Wandlungen der Universität in den letzten Jahrzehnten angesichts der zunehmenden Bedeutung, welche die Akquisition von Forschungsgeldern besitzt.

Dadurch, dass sich die Einwerbung von Drittmitteln als starkes Kriterium für die wissenschaftliche Leistungsfähigkeit von Lehrstühlen, Fächern, Fakultäten und Universitäten Geltung verschaffte, ergaben sich allerdings auch beachtliche Verkürzungen von Forschungsperspektiven, zumindest in den geisteswissenschaftlichen Fächern. Im Kontext des PISA-Sogs der Bildungspolitik steht für die Universitätslehrer die Nachweisbeschaffung vorzeigbarer Erfolge zur Füllung von Evaluationsberichten im Vordergrund, die wiederum im Kampf der Fakultäten um die Aufteilung der Finanzmittel zentrale Bedeutung gewinnen. Daraus resultieren funktionale Einschränkungen der Freiheit der Forschung, wie sie der deutschen Universität in dieser Weise vor 100 Jahren fremd waren.

Der Wissenschaftler nimmt heute seine Verantwortung vor der Öffentlichkeit sehr bewusst wahr. Dies betrifft die Verantwortlichkeit für die eigene Forschung, ebenso seinen Expertenstatus, wenn es um Antworten auf öffentlich kontrovers diskutierte Fragen oder Einschätzungen von Problemsituationen geht. Die Bedingungen für die Gewährung seiner Unabhängigkeit liegen in den politischen Rahmenbedingungen der staatlichen Ordnung. Politik und Wissenschaft sind alles andere als zwei voneinander getrennte Welten, sondern sie bilden an markanten Knotenpunkten gemeinsame Kommunikationskulturen. Dies geschieht in aller Öffentlichkeit (man denke an die Gutachten der Wirtschaftsforscher oder an den Familienreport der Bundesregierung) wie auch durch eine vertragliche Indienstnahme der Wissenschaft, die nicht immer an die große Glocke gehängt wird. Ob dies für die Wissenschaft gegebenenfalls auch ein Stück weit Unfreiheit bedeutet, ist als kritische Frage durchaus angebracht zu stellen, aber auch eine kluge Antwort wird an dem bestehenden Zustand des wechselseitigen Gebens und Nehmens kaum etwas ändern.

Selbstverständlich nimmt die Politik im Zeitalter der deliberativen Demokratie die Dienste von Wissenschaftlern in Anspruch: Informationsgewinnung, Konfliktmanagement und Prognoseschätzungen verlangen ihre Mitwirkung. Wissenschaftliche Prozessbegleitung, die politische Entscheidungen sachgerecht begründet und ihre Folgewirkungen aufzeigen soll, steht im Dienst der Legitimation politischen Handelns. Wie politische Entscheidungsträger mit dem Rat von Expertengremien und wissenschaftlichen Expertisen umgehen, ist eine ganz andere Frage. Ob die Politik in ihren Entscheidungen für sie vorbereitete wissenschaftliche Empfehlungen ganz oder gar nicht berücksichtigt, kann den zu Rate gezogenen Wissenschaftlern nicht gleichgültig sein. Nicht selten fallen die sorgsam ausgearbeiteten Vorschläge der Experten dem aktuellen Kabinetts- bzw. Parteiinteresse zum Opfer, das anderen Prioritäten oder neu eingetretenen politischen Konstellationen Rechnung zu tragen hat. Doch solches Vorgehen kann durch die politisch Verantwortlichen auf Dauer kaum ohne einen gewissen Verlust an Glaubwürdigkeit aufrecht erhalten werden. In punkto Glaubwürdigkeit hat der Wissenschaftler in der Regel nicht ganz so große Probleme wie der Politiker.

Im Zeitalter des pluralen Wissenschaftsbetriebes ist keineswegs unüblich, dass eine Partei oder die Regierung zur Absicherung ihrer Politik Wissenschaftler ihrer Wahl bemüht. Sie hat die Freiheit, jene Wissenschaftler und Institutionen zu präferieren, die über ihre ausgewiesene Kompetenz hinaus Nähe zu ihrer Politik zeigen bzw. ihr nicht öffentlich widersprechen. Oft genug sind Wissenschaftler Mitglied einer Partei und üben ein politisches Mandat aus. Die Präsenz von Wissenschaftlern in Programmkommissionen der Parteien ist selbstverständlich geworden. Ebenso steht die wissenschaftliche Arbeit von Stiftungen und Interessenverbänden in lockerer bis enger Tuchfühlung mit bestimmten politischen Positionen, die wiederum zu bestimmten Kooperations- und Zitationsnetzen der jeweils beteiligten Wissenschaftler führen. Die Risiken neuer Technologien abwägend zu bedenken ist heute zentraler Bestandteil der Wissenschaft. Aus dem Anspruch, ihre Forschungsgegenstände zu bestimmen, sie mittels objektiver Methoden zu erforschen und dies alles in relativer Freiheit leisten zu können, erwächst ihre Unabhängigkeit. Ein Herrscher sichert sich Freiheit und Unabhängigkeit durch Macht. Diese Macht hat die Wissenschaft nicht. Nur die Politik kann sie ihr gewähren.

Literatur

Anschütz, G. (1960): Die Verfassung des Deutschen Reichs vom 11. August 1919. 14. Aufl. Darmstadt.
Clark, C.HM. (2000): Kaiser Wilhelm II. Harlow (Pearson Education Limited).
Clark, C.M.: (2007): Preußen. Aufstieg und Niedergang 1600-1947. 4. Aufl. München.
Eisermann, W. (2008): Zwischen Gewalt und Frieden in einem doppelgesichtigen Jahrhundert. Hamburg.
Engel, A. (1983): The English Universities and Professional Education. In: Jarausch, K.H. (Ed): The Transformation of Higher Learning 1860-1930. Stuttgart, S. 293-305.
Entscheidungen des Bundesverfassungsgerichts. 35. Band 1974 (darin „Hochschulurteil", S. 77-170; Urteil des Ersten Senats vom 29. Mai 1973); 39. Band 1975 (darin 2 BvL 13/73, S. 334-391; Beschluss des Zweiten Senats vom 22. Mai 1975).
Freundlich, P. (1984): Zur Interpretation des Grundrechts der Wissenschaftsfreiheit – Art. 5 III S.J. GG – unter besonderer Berücksichtigung der Rechtsprechung des Bundesverfassungsgerichts. Göttingen.
Fricke, D. (1964): Julius Schaxel 1887-1943. Leben und Kampf eines marxistischen deutschen Naturwissenschaftlers und Hochschullehrers. Jena.
Haeckel, E. (1877): Freie Wissenschaft und freie Lehre. Eine Entgegnung auf Rudolf Virchow's Münchener Rede über „Die Freiheit der Wissenschaft im modernen Staat". Stuttgart.
Heck, B. (1973): Demokratisierung – Überwindung der Demokratie? In: Erhard, L./Brüß, K./ Hegemyer, B. (Hrsg.): Grenzen der Demokratie. Probleme und Konsequenzen der Demokratisierung von Politik. Wirtschaft und Gesellschaft. Düsseldorf, S. 73-88.
Hübener, R (1924): Der Kampf der Universität Jena mit dem Ministerium Greil. Ein Rückblick. In: Mitteilungen des Verbandes der deutschen Hochschulen. 4. Jg., Heft 2, S. 26-33.

Humboldt, W. v. Schriften zur Politik und zum Bildungswesen. 3. Aufl. Stuttgart. (Werke in fünf Bänden, Bd. 4).

Jarausch, K.H. (1991): Universität und Hochschule. In: Berg, C. (Hrsg.): Handbuch der deutschen Bildungsgeschichte. Bd. IV 1970-1918. München, S. 313-345.

Kaufmann, G. (1898): Die Lehrfreiheit an den deutschen Universitäten im 19. Jahrhundert. Leipzig..

Koenen, G. (2001); Das rote Jahrzehnt. Unsere kleine deutsche Kulturrevolution. 2. Aufl. Köln.

Koschnick, H. (Hrsg.) (1979): Der Abschied vom Extremistenbeschluss. Bonn.

Mantl, W. (1989): Was ist aus der Universität geworden? In: Busek, E. u.a. (Hrsg.): Wissenschaft und Freiheit. Ideen zu Universität und Universalität. Wien, S. 11-45.

Mitzenheim, P. (1965): Die Greilsche Schulreform in Thüringen. Die Aktionseinheit der Arbeiterparteien im Kampf um eine demokratische Einheitsschule in den Jahren der revolutionären Nachkriegskrise 1921-1923. Friedrich-Schiller-Universität Jena. Dissertation phil. Fakultät.

Paulsen, F. (1966) Die deutschen Universitäten und das Universitätsstudium. Hildesheim. Reprint der Auflage von 1902.

Perkin, H. (1983): The Pattern of Social Transformation in England. In: Jarausch, K.H. (Ed): The Transformation of Higher Learning 1860-1930. Stuttgart, S. 207-218.

Retter, H. (2007): Reformpädagogik und Protestantismus im Übergang zur Demokratie. Studien zur Pädagogik Peter Petersens. Frankfurt/M.

Ridder, H. (1965): Grundgesetz, Notstand und politisches Strafrecht. Bemerkungen über die Eliminierung des Ausnahmezustandes und die Limitierung der politischen Strafjustiz durch das Grundgesetz für die Bundesrepublik Deutschland. Frankfurt/M.

Ridder, H. u.a. (1966): Notstand der Demokratie. Referate, Diskussionsbeiträge und Materialien vom Kongreß am 20. Oktober 1955 in Frankfurt am Main. Frankfurt/M.

Ringer, F.K. (1979): Education and society.
Ringer, F.K. (1983): Die Gelehrten. Der Niedergang der deutschen Mandarine 1890-1933. Stuttgart.
Schlink, B. (1973): Die Wissenschaftsfreiheit des Bundesverfassungsgerichts – Zur Entscheidung des Bundesverfassungsgerichts vom 29. März 1973. In: Die Öffentliche Verwaltung, 26. Jg., Heft 16, S. 541-545.
Tilitzki, C. (2002): Die deutsche Universitätsphilosophie in der Weimarer Republik und im Dritten Reich. Berlin.
Topitsch, E. (1969). Die Freiheit der Wissenschaft und der politische Auftrag der Universität. 2. Aufl. Neuwied.
[Verband 1924] Verband der deutschen Hochschulen (Hrsg.): Dokumente zum Konflikt der Universität Jena: In: Mitteilungen des Verbandes der deutschen Hochschulen, 4. Jg., Heft 1, S. 2-8.
Virchow, R. (1877): Die Freiheit der Wissenschaft im modernen Staat. Berlin.
[Veröffentlichungen 1928] Veröffentlichungen der Vereinigung der Deutschen Staatsrechtslehrer. Heft 4: Das Recht der freien Meinungsäußerung – Der Begriff des Gesetzes in der Reichsverfassung. Tagung der Deutschen Staatsrechtslehrer zu München am 24. und 25. März 1927. Berlin 1928.
Wagner, H. (Hrsg.) (2000): Rechtliche Rahmenbedingungen für Wissenschaft und Forschung. Forschungsfreiheit und staatliche Regulierung. Bd. 1. Baden-Baden.
Watson, P. (2000): Das Lächeln der Medusa. Die Geschichte der Ideen und Menschen, die das moderne Denken geprägt haben. 2. Aufl. München.
Zwahr, H. (2007): Die erfrorenen Flügel der Schwalbe. DDR und „Prager Frühling".. Tagebuch einer Krise 1958 bis 1972. Bonn.

Christoph Enders

Die Freiheit der Wissenschaft im System der Grundrechtsgewährleistungen

I. Einleitung: Die verfassungsrechtsdogmatische Begründung von Grenzen der Wissenschaftsfreiheit – eine unlösbare Aufgabe?

Gerade professionellen Interpreten des Rechts gab der Grundrechtsteil des Bonner Grundgesetzes vom 23. Mai 1949 manches Rätsel auf. Zu diesen Rätseln gehörte die Frage, wie sich eigentlich der Grundgesetzgeber die Anwendung vorbehaltlos gewährleisteter Freiheiten, etwa der Glaubensfreiheit, der Kunstfreiheit oder der Wissenschaftsfreiheit, in der alltäglichen Rechtspraxis gedacht habe. Denn es war klar, dass aus diesen Freiheiten – wie schon nach überkommener Auffassung – subjektive öffentliche Rechte hervorgehen sollten, also Rechtsansprüche der Einzelperson gegen den Staat. Ebenso offenkundig war aber darüber hinaus, dass das neue Grundgesetz die mit den Grundrechten umschriebene Rechtsposition des Einzelnen im Verhältnis zum Staat *stärken* wollte: Die Grundrechte würden künftig, anders als noch unter Geltung der Weimarer Reichsverfassung allgemein angenommen, nicht mehr nur die Gesetzmäßigkeit von Eingriffen in Freiheit und Eigentum garantieren[1], sondern „als unmittelbar geltendes Recht" auch den Gesetzgeber selbst binden, Art. 1. Abs. 3 GG.

Wie konnten derart verfassungsunmittelbar und ohne gesetzliche Mediatisierung konzipierte Entfaltungsansprüche des Einzelnen in

---

1 Als – so *Anschütz* – „kasuistisch gefaßte Darlegung (des) Prinzip(s) der Gesetzmäßigkeit der Verwaltung", *Anschütz*, Die Verfassung des Deutschen Reichs v. 11. August 1919, 14. Aufl. Berlin 1933, S. 511.

der Rechtswirklichkeit Bestand haben? Völlig schrankenlose Freiheit kann es in einem Gemeinwesen selbst dann nicht geben, wenn es die freie Entfaltung jedes Einzelnen zum Prinzip erhebt. Das war auch 1948/49, während der Beratungen zum Grundgesetz, keine Option[2]. Anders als noch vom Herrenchiemseer Verfassungsentwurf vorgesehen (Art. 21 Abs. 3 und 4) nahm man aber in das Bonner Grundgesetz *keine grundrechtsübergreifende, allgemeine Schrankenklausel* auf, die diesen unbestreitbaren Umstand der Begrenztheit und Begrenzbarkeit individueller Freiheitsentfaltung verdeutlicht hätte. Stattdessen hatte man einzelnen Grundrechtsgewährleistungen einen ausdrücklichen, speziellen Gesetzesvorbehalt beigegeben. Was für die anderen, die vorbehaltlosen Garantien gelten sollte, bei denen auf jegliche Schrankenklausel verzichtet worden war, blieb dabei unklar, jedenfalls unausgesprochen. Diesen Mangel eines deutlichen Bekenntnisses zur Unumgänglichkeit allgemeiner („selbstverständlicher") Freiheitsschranken geißelte denn auch der Staatsrechtler *Nawiasky*, der den anders konzipierten Grundrechtsteil des Herrenchiemsee-Entwurfs geprägt hatte, 1950 als Fehlkonstruktion des Parlamentarischen Rats: Eine Garantie schrankenloser Freiheit würde, ernst genommen, auch *Exzessfälle* decken. Am Ende müssten gar rituelle Menschenopfer als Ausdruck der Glaubens- und Religionsfreiheit respektiert werden, der Mord auf der Bühne stünde unter dem absoluten Schutz der Kunstfreiheit[3].

Dass dies so vom Grundgesetzgeber nicht gewollt war, bestätigt ein Blick in die Protokolle der Beratungen des Parlamentarischen

---

2   Vgl. dazu bereits den Bericht des Unterausschusses I (für Grundsatzfragen) über die Erwägungen des Verfassungskonvents von Herrenchiemsee, Der Parlamentarische Rat 1948-1949, hrsg. v. Deutschen Bundestag und v. Bundesarchiv, Bd. 2, Boppard a. Rh. 1981, S. 228. Nach diesem Bericht sollten die Grundrechte „nicht auf eine schrankenlose Freiheit ab(zielen), was einer Anarchie gleichkäme, sondern auf eine Freiheit in der Ordnung". In diesem Sinne auch BVerfGE 77, 240 (253).

3   *Nawiasky*, Grundgedanken des Grundgesetzes der Bundesrepublik Deutschland, Stuttgart/Köln 1950, S. 18 ff., 24.

Rats, nach dessen Vorstellungen die Grundrechte des Grundgesetzes durchaus keine Exemtion vom Rechtszustand bedeuteten. Selbst wo ein ausdrücklicher Vorbehalt zugunsten gesetzlicher Einschränkung fehlte, sollten sie sich selbstverständlich und ganz im Sinne des Herrenchiemseer Entwurfs (Art. 21 Abs. 3) „im Rahmen der allgemeinen Rechtsordnung ... verstehen"[4]. In sehr allgemeiner Form hat schon bald auch das *Bundesverfassungsgericht* diesen Gedanken aufgegriffen und betont, dass nicht das „isolierte souveräne Individuum" der idealtypische Träger der Grundrechte sei, sondern die gemeinschaftsbezogene und –gebundene Person[5]. Aber damit war selbstverständlich wieder nur der allgemeine Rechtsgedanke bezeichnet, noch kein verfassungsrechtsdogmatisch tragfähiger Ansatzpunkt für die konstruktive Bestimmung von Freiheitsschranken im konkreten Konfliktfall gewonnen.

II. Die Präzisierung des Garantiegehalts der vorbehaltlosen Grundrechte, insbes. der Wissenschaftsfreiheit – Schutzbereich und Schranken

1. Die soziale Wirksamkeit geistiger Freiheit

Die nachfolgenden Jahre zeigen darum Literatur und Rechtsprechung bei der Suche nach einem überzeugenden und praktikablen Modell der (verfassungs-)rechtlichen Begrenzung vorbehaltlos gewährleisteter grundrechtlicher Freiheit. Manche Konstruktionen wurden propagiert und wieder verworfen, bis sich schließlich die *Lehre von den „verfassungsimmanenten Grundrechtsschranken"* durchsetzte, also Anerkennung vor allem in der Rechtsprechung

---

4 *V. Mangoldt*, Das Bonner Grundgesetz, Berlin/Frankfurt a.M. 1953, Vorbem., Anm. 2 a.E., S. 36, Anm. 4, S. 37; dazu *Enders*, Die Menschenwürde in der Verfassungsordnung, Tübingen 1997, S. 472 ff.

5 BVerfGE 4, 7 (15 f.); vgl. insb. die Bezugnahme in BVerfGE 30, 173 (193).

des Bundesverfassungsgerichts fand, die mehr und mehr das maßgebliche Verständnis des Verfassungsrechts prägte. Nach dieser Lehre unterscheiden sich die vorbehaltlos gewährleisteten Freiheiten eben darin von den unter ausdrücklichem Vorbehalt stehenden Garantien, dass ihre Schranken nicht konstitutiv vom Gesetzgeber zu bestimmen, sondern unmittelbar aus der Verfassung und insbes. mit Rücksicht auf Grundrechte Dritter zu gewinnen und vom Gesetzgeber nur noch zu konkretisieren sind[6].

Bei einigen der in Frage stehenden Gewährleistungen hätte man allerdings durchaus auf die Idee kommen können, dass es wegen der Eigenart der von ihnen geschützten Freiheit einer Schrankenziehung gar nicht bedürfe: In ihrer Mehrzahl nämlich dienen die vorbehaltlosen Grundrechtsgarantien dem *Schutz der Geistesfreiheit*, der das Bundesverfassungsgericht zentrale Bedeutung für eine jede freiheitliche staatliche Ordnung beigemessen[7] und die es als Basis gewissermaßen aller verfassten Freiheit überhaupt verstanden hat[8]. Die Entfaltung geistiger Freiheit aber geschieht eben in der Sphäre des Geistes und ist gekennzeichnet durch ihre zunächst rein geistige Wirkung. Geschützt und in einem freiheitlichen Gemeinwesen allgemein hinzunehmen ist die spezifische Provokation, die in der Aussage als solcher liegt, in der Bekundung des geistigen (glaubensmäßig-weltanschaulichen, künstlerischen, wissenschaftlichen) Standpunkts, die zu einer ihrerseits rein geistigen Auseinandersetzung anregt. Wird die Provokation als Bedrohung oder gar Beeinträchtigung von Einzel- oder Gesamtinteressen wahrgenommen, so erweisen sich solche realen, „handfesten" Wirkungen doch als interpretationsabhängig und damit als bloße Elemente eines kommunikativen Prozesses der Wahrheitsfindung, der auf einen selbstbestimmten, eigenverantwortlichen, also: mündigen Umgang mit

---

6 BVerfGE 28, 243 (260 f.); 30, 173 (193).
7 Sie sei „für das System einer freiheitlichen Demokratie entscheidend wichtig ... geradezu eine Voraussetzung für das Funktionieren dieser Ordnung ...", BVerfGE 5, 85 (205).
8 Vgl. BVerfGE 7, 198 (210).

ungewohnten Äußerungsformen, mit konträren Auffassungen und kritischen, unbequemen Positionen setzt, selbst wo sie den bestehenden Orientierungsrahmen in Frage stellen. Denn in einer Ordnung, die die geistige Freiheit in ihrer ganzen Mehrdeutigkeit will und geradezu auf sie angewiesen ist, wenn sie ihrem Daseinszweck gerecht werden soll, erfüllen ungewohnte Äußerungsformen, konträre Auffassungen und kritische, unbequeme Positionen eine existentielle Funktion für den lebendigen Fortbestand dieser Ordnung[9].

Das Bundesverfassungsgericht hat diese Sichtweise, die es zunächst anhand der Meinungsfreiheit entwickelt hatte, im Ansatz auch auf die *Kunstfreiheit* erstreckt, sie aber trotz – oder: wegen? – der Vorbehaltlosigkeit dieser Gewährleistung doch nicht mit letzter Konsequenz umgesetzt: Ein Kunstwerk wirke nicht nur als ästhetische Realität, sondern habe „daneben ein Dasein in den Realien". Die geistige Überhöhung hindert darum nach dieser Vorstellung nicht die „sozialbezogenen Wirkungen" des Kunstwerks[10]. Und mit Rücksicht auf diese muss sich auch die Kunstfreiheit Schrankenziehung gefallen lassen. Ähnlich lässt sich für die *Wissenschaftsfreiheit* argumentieren: Dem Schutzbereich nach zählt auch sie zu den Gewährleistungen geistiger Freiheit. Geschützt ist nämlich – so sieht es das Bundesverfassungsgericht – „der nach Inhalt und Form ... ernsthafte und planmäßige Versuch zur Ermittlung der Wahr-

---

9   *Enders* (Fn. 4), S. 482 f. Schwierige Grenzfälle zwischen geistiger und tatsächlicher Wirkung bezeichnen die verschiedenen Tatbestände der Strafvorschrift des Landfriedensbruchs, § 130 StGB. Auch das Grundgesetz selbst kennt aber Grenzen der „Provokation": Es sanktioniert den Missbrauch von Grundrechten zum Kampf gegen die freiheitliche demokratische Grundordnung mit der Verwirkung dieser Grundrechte (Art. 18 GG, vgl. auch Art. 5 Abs. 3 Satz 2 GG) und nimmt die freiheitliche demokratische Grundordnung besonders vor den ansonsten in ihrer wichtigen demokratischen Funktion anerkannten politischen Parteien in Schutz (Art. 21 Abs. 2 GG).

10 BVerfGE 30, 173 (193 f.) – Mephisto; jetzt auch BVerfG JZ 2008, S. 571 m. Anm. *Enders*, S. 581 – Esra.

heit"[11]. Dazu gehören – in Abgrenzung etwa zur kriminalistischen Ermittlungsarbeit von Polizeibeamten – neben einer Fragestellung, die über den einzelnen Anlassfall verallgemeinernd hinausweist, auch die Grundsätze der Methodik, die Bewertung der Ergebnisse und nicht zuletzt ihre Verbreitung[12], damit neben der Freiheit der Forschung auch die Freiheit der Lehre. Auf diesen als solchen geistigen Prozess der Gewinnung und Vermittlung wissenschaftlicher Erkenntnisse gezielt Einfluss zu nehmen, soll dem Staat verwehrt sein[13]. Aber auch die Wissenschaft entfaltet sich nicht in einem sozialen Vakuum, sie hat Berührungspunkte mit anerkannten Interessen Dritter oder der Allgemeinheit[14]. Besonders offenkundig ist das für die Naturwissenschaft, die ihre Fragestellungen immer wieder anhand von Versuchsanordnungen erprobt, die auf Lebewesen, auf Mensch oder Tier zugreifen. Auch wenn man die Garantie der Wissenschaftsfreiheit als besondere Anerkennung der freien Geistigkeit des menschlichen Subjekts versteht, entbindet dies also nicht von einer Antwort auf die Frage, welchen Rechtsschranken ihr Gebrauch unterliegt.

2. *Die verfassungsimmanenten Grundrechtsschranken*

a) *Die Begründung unmittelbar aus der Verfassung*

Dass bei der Begründung der verfassungsrechtlichen Schranken vorbehaltlos gewährleisteter Freiheiten in irgendeiner Weise argumentativ Bedacht auf die Vorbehaltlosigkeit der Gewährleistung zu

---

11 BVerfGE 35, 79 (113).
12 BVerfGE 35, 79 (113).
13 BVerfGE 35, 79 (112 f.); 90, 1 (12, 13). Zusammenfassend zu diesem Spezifikum grundrechtlicher Gewährleistungen der Geistesfreiheit *Enders*, Toleranz als Rechtsprinzip? in: Enders/Kahlo (Hg.), Toleranz als Ordnungsprinzip?, Paderborn 2007, S. 243, 247 m. Nw. in Fn. 14; vgl. auch *Hase*, Freiheit ohne Grenzen? in: Depenheuer u.a. (Hg.), Staat im Wort, Festschrift für Josef Isensee, Karlsruhe 2007, S. 549, 557.
14 *Pieroth/Schlink*, Grundrechte – Staatsrecht II, 23. Auflage 2007, Rn. 624.

nehmen ist, versteht sich von selbst. Der Herrenchiemsee-Entwurf kannte die aller Freiheit gezogene, „selbstverständliche" Schranke der allgemeinen Rechtsordnung, die sich als Rechtfertigung allgemeiner, nicht gezielt auf das spezifische Schutzgut einzelner Grundrechte abhebender Regelungen deuten ließ[15]. Aus dieser Schranke der allgemeinen Rechtsordnung wurde unter dem Grundgesetz und nach der Rechtsprechung des Bundesverfassungsgerichts mangels einer positiven Regelung die verfassungsrechtsdogmatische Forderung, die gesetzliche Einschränkung vorbehaltloser Grundrechte müsse durch den Schutz anderer Verfassungsgüter legitimiert sein.

Das Bundesverfassungsgericht hat es darum zu Recht abgelehnt, die ausdrücklichen Schranken anderer Grundrechtsgewährleistungen auf vorbehaltlose Grundrechte zu übertragen: Wenn im Grundgesetz auf eine *allgemeine* Schrankenklausel bewusst zugunsten je besonderer Regelungen des Schrankenproblems verzichtet wurde, so geht es nicht an, auf Einzelgrundrechte zugeschnittene Gesetzesvorbehalte auf andere spezielle Verbürgungen anzuwenden[16]. Bei der Suche nach Anhaltspunkten für eine Schrankenziehung, die sich statt dessen unmittelbar auf die Verfassung berufen kann, erstarken freilich grundsätzlich sämtliche normativen Anordnungen der Verfassung, ganz unabhängig von ihrem Aussagegehalt und ihrer Funktion – also z. B. auch Kompetenzvorschriften[17] oder die Festlegung der Farben der Bundesflagge, Art. 22 Abs. 2 GG[18] – zu höchstrangigen, für jedermann beachtlichen Entscheidungen zugunsten bestimmter Rechtseinrichtungen. Sie legen darum Schutzgüter fest, denen auch das individuelle Interesse an der Entfaltung der vorbehaltlos gewährleisteten Freiheit im Kollisionsfall jeweils verhältnismäßig zuzuordnen ist. Dieses Schrankenmodell ist ersichtlich

---

15   Der Parlamentarische Rat, Bd. 2 (Fn. 2), S. 228, 512.
16   BVerfGE 30, 173 (191-193) für die Kunstfreiheit.
17   BVerfGE 69, 1.
18   BVerfGE 81, 278.

einer Vorstellung verpflichtet, die die *Verfassung als „rechtliche Grundordnung des Gemeinwesens"* begreift[19]. Als Grundordnung strukturiert und begrenzt sie nicht nur die Ausübung staatlicher Gewalt. Sie gibt darüber hinaus Auskunft über individuelle Verhaltenspflichten (als Grenzen der Eigenrechtssphäre individueller Selbstbestimmung) und ist damit auch maßgeblich für die *Auflösung von Konflikten zwischen Privaten,* von Konflikten auf der Gleichordnungsebene also, an denen der Staat nicht unmittelbar als Partei beteiligt ist.

b) Bedeutung für die Wissenschaftsfreiheit in Rechtspraxis und Rechtspolitik

In der Folge ist jedes Gesetz, das in die Wissenschaftsfreiheit regelnd eingreift, darauf zu überprüfen, ob es dem *Schutz einer Rechtseinrichtung (d.h.: eines Rechtsguts) von Verfassungsrang* dient, also eine verfassungsimmanente und insoweit „selbstverständliche" Grundrechtsschranke aktualisiert und präzisiert. Nur dann ist der besonderen verfassungsrechtlichen Bedeutung der Wissenschaftsfreiheit Genüge getan. Umgekehrt muss es dem Gesetzgeber, will er den Gebrauch der Wissenschaftsfreiheit reglementieren, stets darum zu tun sein, Verfassungsrechtsgüter kenntlich zu machen, deren Schutz seine Maßgaben dienen sollen – was natürlich nicht nur für eine allfällige verfassungsgerichtliche Überprüfung von Gesetzen von Bedeutung ist, sondern auch für die Behauptung einer politischen Position im Gesetzgebungsverfahren, aber auch in dessen Vorfeld und Umfeld. Letzteres war besonders deutlich im Streit um die *Forschung an und mit embryonalen menschlichen Stammzellen* zu beobachten: Der Gesetzgeber berief sich für seine Schutzmaßnahmen ausdrücklich auf seine „Verpflichtung, die Menschenwürde und das Recht auf Leben zu achten und zu schützen" und setzte diese verfassungsmäßige Verpflichtung – sozusagen ganz schulmä-

---

19 *Böckenförde,* Grundrechte als Grundsatznormen, in: ders., Staat, Verfassung, Demokratie, Frankfurt/M. 1991, S. 159, 198.

ßig – ins Verhältnis zu der gleichfalls zu gewährleistenden Forschungsfreiheit (§ 1 StZG)[20]. Das waren zugleich die Pole gewesen, um die die kontroverse politische Diskussion gekreist hatte.

In gewissermaßen umgekehrter Richtung hat sich die *Rechtslage im Tierschutz* entwickelt: Dem Belang des Tierschutzes fehlte lange ein verfassungsrechtlicher Bezugspunkt, der – im Sinne der herrschenden Auffassung von den verfassungsimmanenten Grundrechtsschranken – eine Beschränkung vorbehaltlos gewährleisteter Freiheiten wie insbes. der Wissenschaftsfreiheit (Tierversuche), aber auch der Glaubens- und Religionsfreiheit (Schächten) hätte rechtfertigen können[21]. Aus diesem Defizit erklärt sich das im übrigen von durchaus unterschiedlichen Motivationslagen getragene Bestreben, den Tierschutz ausdrücklich – als Staatszielbestimmung – in der Verfassung zu verankern, dem schließlich mit der Grundgesetzänderung vom 1. August 2002 Erfolg beschieden war (Art. 20 a GG: „und die Tiere"[22]). Es fragt sich allerdings: War wirklich der (einfach-)gesetzliche Tierschutz, soweit er einer ungehemmten Verfolgung wissenschaftlicher oder religiöser Zwecke Grenzen setzte, bis zum Zeitpunkt seiner ausdrücklichen verfassungsrechtlichen Anerkennung schlichtweg verfassungswidrig? Das erscheint höchst zweifelhaft. Und doch fällt eine verfassungsrechtliche Rechtfertigung von Regelungen, die der Ausübung der Wissenschaftsfreiheit (oder der Glaubens- und Religionsfreiheit) Rücksichtnahmen zugunsten des Tierschutzes auferlegen wollen, auf der Grundlage der Lehre von den verfassungsimmanenten Grundrechtsschranken schwer, solange es an einer verfassungsrechtlichen Anerkennung dieses Schutz-

---

20 Stammzellgesetz v. 28.6.2002, BGBl. I S. 2277. S. dazu die Sammelbände von *Höffe* u.a. (Hg.), Gentechnik und Menschenwürde, 2002, *Kettner* (Hg.), Biomedizin und Menschenwürde, 2004, ferner *Enders*, Würde und Lebensschutz im Konfliktfeld von Biotechnologie und Fortpflanzungsmedizin, JURA 2003, S. 666.
21 Vgl. zum Ganzen mit zahlreichen Nachweisen *Lange*, Wissenschaft zwischen Verfassungsgarantie und Staatszielbestimmung, KritV 2004, S. 171.
22 Gesetz z. Änderung des Grundgesetzes v. 27.7.2002, BGBl. I S. 2862.

zwecks fehlt[23]. Kann aber jedenfalls der Tierschutz von nun an, aufgrund seiner verfassungsmäßigen Anerkennung, völlig ungeachtet gegenläufiger wissenschaftlicher (oder religiöser) Interessen realisiert werden? Diese umgekehrte Frage ist sicher zu verneinen[24]. Denn das ausdrückliche Bekenntnis der Verfassung zu einem Schutzgut besagt nicht, dass dieses überall rückhaltlos Vorrang vor kollidierenden Belangen genieße, sondern lediglich, dass es bei der gebotenen Abwägung angemessen zu berücksichtigen ist. Die Art und Weise, wie neben dem Umweltschutz auch der Tierschutz durch Art. 20a GG als Staatsziel anerkannt ist, nämlich nur „im Rahmen der verfassungsmäßigen Ordnung", macht den allgemeingültigen Gedanken, dass selbstverständlich die übrige Verfassungsordnung nicht mit Blick auf den Tierschutz beiseite gesetzt werden darf, sogar besonders deutlich[25].

Das bedeutet: Auch die Lehre von den verfassungsimmanenten Grundrechtsschranken darf am Ende nicht dazu führen, dass sich die vorbehaltlose Grundrechtsgarantie nurmehr von ihren (verfassungsrechtlichen) Grenzen her definiert. Auf verfassungsrechtsdogmatische Überlegungen zum Verständnis des spezifischen Schutzzwecks der vorbehaltlos gewährleisteten Freiheit und auf eine dementsprechend schutzzweck-konforme Begründung von Schranken kann selbst dann nicht verzichtet werden, wenn sich für die Legitimität der Grenzziehung ein Anhaltspunkt in der Verfassung ausmachen lässt[26].

23 Die Möglichkeit einer Rechtfertigung unabhängig von der verfassungsrechtlichen Anerkennung des Tierschutzes bestreitet in der Tat *Ruffert*, Grund und Grenzen der Wissenschaftsfreiheit, VVDStRL 65 (2006), S. 146, 206 f.; anders aber BVerfG NVwZ 1994, S. 894.
24 Das lässt auch eine neuere Entscheidung des Bundesverwaltungsgerichts zum religiös motivierten Schächten erkennen, BVerwG NVwZ 2007, S. 461, in der allerdings – im Anschluss an BVerfGE 104, 337 (345) – die grundrechtliche Garantie des religiös motivierten Schächtens aus Art. 2 Abs. 1 GG (in Verbindung mit Art. 4 GG) abgeleitet wird.
25 *Lange*, KritV 2004, S. 171 (175 f.).
26 *Lange*, aaO; ähnlich insoweit auch *Hufen*, Staatsrecht II – Grundrechte, 2007, § 34, Rn. 46 a.E. Dagegen will *Ruffert* (Fn. 23), S. 207 f. m. Fn. 266, „unnöti-

3. Konsequenzen des Grundrechtsverständnisses für die Wissenschaft an Hochschulen

Als Elemente einer rechtlichen Grundordnung des Gemeinwesens schließen die Grundrechte nicht nur negativ (in ihrer Abwehrfunktion) von Fall zu Fall Übergriffe des Staates aus, sondern sind sie *Teil eines Gesamtsystems* und als *objektive (wertentscheidende) Grundsatznormen* dazu bestimmt, der staatlichen Freiheitsorganisation die maßgeblichen Impulse zu vermitteln.[27] Die Begrenzung der vorbehaltlos gewährleisteten, scheinbar schrankenlosen Freiheiten kann so als systemimmanente Konsequenz einer – gerade von den Grundrechten geforderten und dirigierten – angemessenen Freiheitsorganisation verstanden werden, weil diese eine wechselseitige, verhältnismäßige Zuordnung sämtlicher Systemelemente unter Einschluss aller Erscheinungsformen grundrechtlich anerkannter Freiheit verlangt[28].

Das Bundesverfassungsgericht hat aber darüber hinaus aus der „Ausstrahlungswirkung" der Grundrechte, die sie als objektive Grundsätze angemessener Gestaltung der rechtlichen Grundordnung entfalten, auch besondere Schlussfolgerungen für das *Verhältnis der Wissenschaft zum Staat* gezogen. Schon die Kunstfreiheitsgarantie hatte das Bundesverfassungsgericht als „eine objektive, das Verhältnis des Bereiches der Kunst zum Staat regelnde wertentscheidende Grundsatznorm" bezeichnet[29]. In diesem Sinne charakterisiert es dann in seiner Entscheidung aus dem Jahre 1973 zum Niedersächsischen Gesamthochschulgesetz auch die *Wissen-*

---

gen" Tierversuchen den Schutz der Wissenschaftsfreiheit versagen, ohne dass klargelegt würde, nach welchen und vor allem: nach wessen Maßstäben die Notwendigkeit von Tierversuchen rechtlich zu beurteilen ist.
27   Vgl. BVerfGE 7, 198 (205).
28   Vgl. BVerfGE 83, 130 (143, 146 f.) – Josephine Mutzenbacher (zur Kunstfreiheit).
29   BVerfGE 30, 173 (188) – Mephisto.

schaftsfreiheit[30]: „Danach hat der Staat im Bereich des mit öffentlichen Mitteln eingerichteten und unterhaltenen Wissenschaftsbetriebs durch geeignete organisatorische Maßnahmen dafür zu sorgen, dass das Grundrecht der freien wissenschaftlichen Betätigung soweit unangetastet bleibt, wie das unter Berücksichtigung der anderen legitimen Aufgaben der Wissenschaftseinrichtungen und der Grundrechte der verschiedenen Beteiligten möglich ist"[31]. Dem einzelnen Grundrechtsträger aber „erwächst aus der Wertentscheidung des Art. 5 Abs. 3 GG ein Recht auf staatliche Maßnahmen auch organisatorischer Art, die zum Schutz seines grundrechtlich gesicherten Freiraums unerlässlich sind, weil sie ihm freie wissenschaftliche Betätigung überhaupt erst ermöglichen"[32].

Angesichts dieser *„Ermöglichungsfunktion"* der *„wertentscheidenden Grundsatznorm"* gerät die Abwehrfunktion des Grundrechts weitgehend aus dem Blick. Was mit der verfassungshistorisch originären („klassischen") und verfassungsrechtsdogmatisch primären Abwehrfunktion[33] unter den Voraussetzungen eines in staatlicher Trägerschaft und Verantwortung organisierten Wissenschaftsbetriebs garantiert sein könnte, bleibt unklar[34]. Gleichzeitig errichtet die „Ermöglichungsfunktion", wie sich im Verlauf der weiteren Entwicklung des Hochschulrechts gezeigt hat, keine unüberwindbare Hürde für eine Reorganisation der Wissenschaftslandschaft, die die überkommene akademische Selbstverwaltung an den Hochschulen zugunsten einer „Stärkung der Leitungsorgane" zurück-

---

30 BVerfGE 35, 79, Leitsatz 2 und S. 112 – Hochschulurteil: „eine objektive, das Verhältnis von Wissenschaft, Forschung und Lehre zum Staat regelnde wertentscheidende Grundsatznorm".
31 BVerfGE 35, 79, Leitsatz 2.
32 BVerfGE 35, 79, Leitsatz 3; vgl. auch den Leitsatz 7: „Organisationsnormen müssen den Hochschulangehörigen, inbes. den Hochschullehrern, einen möglichst breiten Raum für freie wissenschaftliche Betätigung sichern ..."
33 BVerfGE 7, 198 (204 f.); 50, 290 (337).
34 Vgl. BVerfGE 35, 79 (109); BVerfGE 111, 333 (352) – Brandenburgisches Hochschulgesetz.

drängt und nicht zuletzt Mittelzuweisungen an der Qualität der wissenschaftlichen Leistungen orientiert[35].

III. Grundzüge eines Modells wissenschaftsadäquaten Freiheitsschutzes – Sinn und Grenzen der Gewährleistung, Konsequenzen für die staatliche Organisation von Wissenschaft

Versteht man die Grundrechtsgarantie der Wissenschaftsfreiheit als „wertentscheidende Grundsatznorm", erscheint sie in der Folge als integraler Bestandteil mehrseitiger Rechtsverhältnisse und Funktionselement staatlicher Organisationsvorkehrungen. Derartige Überformungen lassen leicht den eigentlichen *Sinn des Grundrechts* in Vergessenheit geraten: die Wissenschaft in ihrer Selbstgesetzlichkeit vor staatlicher Ingerenz zu schützen. Diese Einsicht schließt es keineswegs aus, die Betätigung von Wissenschaftlern und Wissenschaftlerinnen zu reglementieren. Was jedermann aus guten Gründen verboten ist, hat auch unter dem Vorzeichen der Wissenschaftlichkeit keinen Anspruch auf privilegierte Behandlung[36]. Indessen kann „über gute und schlechte Wissenschaft, Wahrheit oder Unwahrheit von Ergebnissen ... nur wissenschaftlich geurteilt werden"[37]. Und dieser Schutz der geistigen Position und ihrer rein geistigen Auswirkungen erstreckt sich nicht allein auf die „Freiheit der Fragestellung"[38], er schließt die „Grundsätze der Methodik sowie die Bewertung des Forschungs-

---

35 Hierzu vor allem BVerfGE 111, 333.
36 *Pieroth/Schlink* (Fn. 14), Rn. 626. Vgl. *Enders* (Fn. 4), S. 479 ff.; *Hase* (Fn. 13), S. 558 f.
37 BVerfGE 90, 1 (12, 13).
38 *Wahl*, Freiheit der Wissenschaft als Rechtsproblem, Freiburger Universitätsblätter H. 95 (1987), S. 19, 33.

ergebnisses und seine Verbreitung" ein[39]. Und er erstreckt sich insbesondere auch auf Minderheitspositionen[40].

Absolut verboten sind darum staatliche Eingriffe in die Geistesfreiheit der Wissenschaft im Sinne einer qualitativen Differenzierung (nach „guter"/"schlechter", „nützlicher"/„sinnloser" Wissenschaft) von hoher Hand und eines Oktroys "richtiger" Fragestellungen, Methoden oder Ergebnisse. Denn solche Maßnahmen treffen die Wissenschaft im Kern ihrer geistigen Freiheit, einen umstrittenen, provokanten Standpunkt mit den ihr eigenen Mitteln zu erarbeiten und dergestalt fundiert zu vertreten. *Was folgt daraus?* In der allgemeinverbindlichen Definition von Rechtsgütern und der sachlich angemessenen Ausgestaltung des gegenüber jedermann gleichmäßig zu bewirkenden Schutzes ist der Gesetzgeber weithin frei. Dabei in die geistige Sphäre wissenschaftlicher Eigengesetzlichkeit (Autonomie) einzubrechen, ist aber dem Staat (auch dem Gesetzgeber) absolut und ohne Ausnahme untersagt.

Darum ist es unzulässig, die Erlaubnis (bedingt verbotener) wissenschaftlicher Betätigung von der Wichtigkeit ihrer Fragestellung, der Qualität der Erkenntnismethoden, der Bedeutung der bereits erzielten oder noch zu erwartenden Erkenntnisse abhängig zu machen. Ob im einzelnen besonders hochrangige Forschungsziele verfolgt werden, ob eine Versuchsanordnung oder ein Projekt dem Stand der Wissenschaft entspricht, das sind Fragen, die eine Antwort allein anhand selbstdefinierter wissenschaftlicher Standards im wissenschaftsinternen Diskurs finden können und sich einer autoritativen Entscheidung im verbindlichen staatlichen Hoheitsakt entziehen. Wissenschaftsfremd und wissenschaftsfeindlich ist insbes.

---

39 Vgl. BVerfGE 35, 79 (113).
40 BVerfGE 90, 1 (12): „Auffassungen, die sich in der wissenschaftlichen Diskussion durchgesetzt haben, bleiben der Revision und dem Wandel unterworfen. Die Wissenschaftsfreiheit schützt daher auch Mindermeinungen sowie Forschungsansätze und -ergebnisse, die sich als irrig oder fehlerhaft erweisen. Ebenso genießt unorthodoxes oder intuitives Vorgehen den Schutz des Grundrechts"; zum Ganzen *Lange*, KritV 2004, S. 171 (176 f.).

auch das Kriterium der „ethischen Vertretbarkeit", soweit es die Zulässigkeit wissenschaftlicher Vorhaben an eine der Wissenschaft äußerliche, heteronom wertende und damit in verbotener Weise qualitativ differenzierende Einschätzung knüpft[41].

Das bedeutet umgekehrt für die Möglichkeit verfassungsmäßiger Regelung: Der Gesetzgeber kann – z.b. im Interesse des Tierschutzes – lediglich eine *Darlegungspflicht* statuieren, nach der glaubhaft zu machen ist, dass überhaupt ein wissenschaftliches und nach wissenschaftlicher Methode zu verfolgendes Erkenntnisinteresse besteht (Erkenntnisziel des Vorhabens, Erkenntnismethode), des weiteren, dass keine andere, das Schutzgut geringer beeinträchtigende Erkenntnismöglichkeit (Mittel der wissenschaftlichen Erkenntnisgewinnung) in Betracht kommt. Mehr als eine *Plausibilitätskontrolle* kann der Staat insoweit aber nicht ausüben[42].

Lassen sich aus diesem Befund auch *Konsequenzen für eine adäquate Wissenschaftsorganisation* an den Hochschulen in staatlicher Trägerschaft ableiten? Solange und soweit der Staat Wissenschaft, die ihren Namen verdient, in seine Regie nehmen will, muss er ihre Eigengesetzlichkeit respektieren. Das bedeutet vor allem, dass der *abwehrrechtliche Kerngehalt* der Garantie der Wissenschaftsfreiheit nicht ignoriert werden darf: Eine amtliche Bewertung wissenschaftlicher Leistungen (um z.B. nach ihr die Zuweisung öffentlicher Mittel zu bemessen) kommt nur bei freiwilliger Beteiligung der Betroffenen in Betracht[43]. Auch im übri-

---

41 Vgl. *Lange*, aaO, S. 176 ff.
42 BVerfG NVwZ 1994, S. 894; VGH Kassel, NVwZ 2003, S. 861; *Hufen* (Fn. 26), § 34, Rn. 46; noch enger *Lange*, KritV 2004, S. 171 (179 f.).
43 *Sandberger*, Neuere Entwicklungen im Hochschulverfassungs- und Hochschulrecht, Vortrag vor der Leipziger Juristenfakultät und dem Institut für Verwaltung und Verwaltungsrecht in den neuen Bundesländern e.V. in Leipzig am 2.7.2007, Ms. S. 8, 10; vgl. auch *Schlink*, Evaluierte Freiheit?, hrsg. v. Präsidenten d. Humboldt-Universität zu Berlin, Berlin 1999, S. 8, 13 ff. Anders, aber mit inkonsistenter Begründung BVerfGE 111, 333 (359).

gen muss die Entscheidung über wissenschaftliche Qualifikation (Habilitationen etc.) und über die inhaltlich-methodische Gestaltung von Forschung und Lehre wissenschaftsintern nach wissenschaftlichen Kriterien erfolgen – sie unterliegt der „Selbstdefinition wissenschaftlicher Standards"[44]. Insoweit liegt bereits im Begriff der Wissenschaft, wie ihn die Hochschulgesetze vorfinden und aufgreifen, eine Festlegung der sachgebotenen Freiheit. Darüber hinaus freilich, insoweit ist dem Bundesverfassungsgericht zuzustimmen, lassen sich der Gewährleistung der Wissenschaftsfreiheit – das zeigt gerade die Rückbesinnung auf ihren abwehrrechtlichen Kerngehalt (mit dem unbedingten Ausschluss staatlich verordneter Qualitätsstandards aus der geistigen Sphäre wissenschaftlicher Eigengesetzlichkeit) – keine rechtlich klar umrissenen Vorgaben, insbes. organisatorischer Art entnehmen[45]. Es liegt auf der Hand, dass jedenfalls eine völlig freibleibende Beliebigkeit wissenschaftlicher Betätigung an der Hochschule nicht garantiert sein kann. Die Wissenschaft entfaltet sich hier vielmehr von vornherein in einem funktional-organisatorischen Zusammenhang und wird nur unter dessen Rahmenbedingungen „ermöglicht".

Was also bleibt jenseits des absoluten verfassungsrechtlichen Gebots, die eigengesetzliche Entfaltung der Wissenschaft überall von staatlich angemaßter Sachkunde und Entscheidungsprärogative freizustellen und jenseits der wenigen Rückschlüsse auf organisatorische Anforderungen, die man aus dem Umstand der Gewährleistung der Wissenschaftsfreiheit in Art. 5 Abs. 3 GG ziehen mag, besser aber aus landesverfassungsrechtlichen Selbstverwaltungsgarantien zugunsten der Hochschulen (vgl. Art. 107 Abs. 2 SächsVerf.) und aus den allgemeingültigen Grundsätzen funktionaler Selbstverwaltung entwickeln sollte[46]? Wohl nur die begrenzt

---

44 BVerfGE 90,1 (13).
45 BVerfGE 111, 333 (356); zustimmend *Sandberger* (Fn. 43).
46 Vgl. vor allem BVerfGE 107, 59 (86 ff., 91, 92-94) – Emschergenossenschaft sowie BVerfGE 111, 191 (215 ff.) – Notarkassen, jeweils zu den Anforderungen an Organisation und Ausübung von Staatsgewalt und auch

iustitiable Hoffnung, der Staat möge, wo er sich der Pflege der freien Wissenschaft annimmt, dieses Vorhaben möglichst vernünftig und im Bewusstsein der Bedeutung organisieren, die eine florierende Wissenschaft für einen aufgeklärten Geist und die Wohlfahrt des Gemeinwesens hat.

zur Normsetzung jenseits der unmittelbaren Staatsverwaltung und der gemeindlichen Selbstverwaltung.

Klaus Gahl

SKIP – Kriterien oder Argumente?
Aspekte des Embryonenschutzes[1]

Die Diskussion der Vorträge des sozial-ethischen Symposiums zur Frage der Wissenschaftsfreiheit berührte wiederholt die vier „SKIP-Argumente" in der öffentlichen Debatte um den moralischen Status, die Schutzwürdigkeit und die Würde des menschlichen Embryos: die Argumente der **S**pezies-Zugehörigkeit, der **K**ontinuität, der **I**dentität und der **P**otentialität in dessen Entwicklung. Sie sollen daher hier ausführlicher dargelegt werden.

Durch die vier Kennzeichen der Entwicklung des Menschen vom Embryo zum selbstbestimmten Erwachsenen soll – so die weithin vertretene Ansicht – der Mensch vom Beginn an, „ab ovo" im moralischen und rechtlichen Sinne den Schutzanspruch der Menschenwürde haben, der jedwede „Vernutzung" und „Instrumentalisierung" für therapeutische Verwendung zum Nutzen Dritter oder zu Forschungszwecken verbietet. So sind Gehalt, Begründung und Konsistenz der vier Kennzeichen in der Embryonenschutzdebatte zu prüfen. Eine Auseinandersetzung mit den verschiedenen Positionen der Debatte ist hier nicht beabsichtigt.

Vorweg ist es nötig, zwischen deren Funktion als Kriterien und als Argumenten in der Diskussion um die Schutzwürdigkeit und der sie begründenden Menschenwürde zu unterscheiden. Verrät doch die umfangreiche Literatur einen nicht einheitlichen Gebrauch. Als Kriterien beschreiben die genannten Eigenschaften mindestens partiell beobachtbare (empirische) Phänomene der frühesten Stadien mensch-

---

1 Herrn Prof. Dr. Hartmut Kreß, Evangelisch-Theologische Fakultät der Universität Bonn, danke ich für die kritische Durchsicht des Manuskripts und für wichtige Anregungen.

licher (individueller) Entwicklung. Als Argumente werden sie dagegen in einen Begründungskontext aufgenommen und darin häufig mit anderen SKIP-Eigenschaften und mit normativen Prämissen verknüpft, um so plausibel zu machen, was es zu belegen gilt.

Eine weitere Begriffsklärung sei vorausgeschickt. Der menschliche Embryo wird hier entsprechend dem Embryonenschutzgesetz (vom 13. Dez. 1990, aktuelle Fassung vom 23. Okt. 2001; § 8) verstanden: „Embryo im Sinne des Gesetzes ist nach § 8 *bereits die befruchtete, entwicklungsfähige Eizelle*. Entwicklungsfähig ist eine Eizelle innerhalb von 24 Stunden nach der Kernverschmelzung[2] wenn nicht bereits [nach in-vitro-Fertilisation] festgestellt werden kann, dass sich die Eizelle nicht über das Einzellstadium hinausentwickeln kann." Es ist also nicht schon die von einem Spermium imprägnierte Oozyte und nicht das sog. Vorkernstadium. Das sich entwickelnde Lebewesen wird bis zum Abschluss der Organogenese (Ende der 8. Schwangerschaftswoche) als Embryo bezeichnet.

Spezies-Kriterium

Das Spezies-*Kriterium* beschreibt auf der biologischen Ebene die durch die Verschmelzung der Zellkerne der menschlichen Ei- und der sie imprägnierenden Samenzelle entstandene Zygote aufgrund ihres diploiden Chromosomensatzes als der Gattung Mensch zugehöriges Wesen. Als Spezies-Argument wird es normativ zur Begründung für den Würdestatus gesetzt, der dem Embryo wie dem Neugeborenen und dem autonomen, mündigen Angehörigen der gleichen (biologischen) Spezies zukomme. Diese Zugehörigkeit ge-

---

2   Mit dem Begriff „Kernverschmelzung" wird im Folgenden der Prozess nach Eindringen des Spermiums in die Eizelle bis zur Neu-Konfiguration des diploiden Chromosomensatzes vor der ersten Zellteilung zusammengefasst – eingedenk des biologisch komplexen Geschehens der „Befruchtungskaskade", das nicht einer direkten Verschmelzung der Gametenkerne entspricht.

biete Gleichbehandlung einschließlich der Zuerkennung der gleichen Schutzrechtsansprüche.

Bleiben wir zunächst beim Kriterium! Der mit der Kernverschmelzung entstehende diploide Zellkern der Zygote enthält – normale haploide Kerne der Gameten und einen ungestörten Vorgang der Vereinigung, die Neukonfiguration des Genoms, eine regelrechte „Befruchtungskaskade" vorausgesetzt – den Chromosomensatz der die Gattung Mensch kennzeichnenden Erbmasse und begründet damit die Spezieszugehörigkeit des sich entwickelnden Keimes zur gleichen Spezies wie der ausgereifte Fetus und der „fertige" Mensch. Soweit eine biologische Charakterisierung.

Das Spezies-Argument sieht in der chromosomalen Gleichheit der Zygote und des Erwachsenen die (mindestens eine) Begründung, dass angesichts dieser nie unterbrochenen Gleichheit (weder „nach rückwärts" zu ihrem Anfang in der Kernverschmelzung noch „nach vorwärts" in das Stadium der Reife, ja bis zum Tode) dem ausgereiften Menschen wie seinem allerersten Embryonalstadium die gleiche Würde zukomme. Deswegen dürfe diese Würde ebenso wenig angetastet werden wie die des Erwachsenen. Auch folge daraus der gleiche Rechtsanspruch des Lebensschutzes.

Es sind demnach zwei Ebenen der Begründung:

– die biologische Zugehörigkeit zur gleichen Spezies und
– die normative, ethische Ebene der Gleichbehandlung, die mit der Würdezuschreibung auch den Rechtsanspruch konstituiere.

Fragen wir nach der Stringenz der Verknüpfung.

a) Das Gebot der Gleichbehandlung von Zygote und fertigem Menschen stützt sich – wie wäre es anders möglich – auf die biologische, i. e. chromosomale Gleichheit. Es fragt sich, ob sich dieses „Gleich-" auf die „Behandlung" oder auf das „Behandelte" bezieht (als sei die Zygote dem fertigen Menschen „gleich" und verlange daher „gleiche" Behandlung wie dieser). Fußt nicht der Grundsatz der Gleichbehandlung auf einer Voraussetzung, die erst durch eine vorausgehende Setzung ermöglicht wird? – will sagen: so normativ gebietend wie die Menschenwürde des fertigen Menschen sei auch die des Keimes. Eine Gleichheit des Behandelten anzunehmen, wäre schon angesichts der biologischen Differenz absurd. Die „vorausgehende Setzung" ist aber aus der Spezies-Zugehörigkeit allein nicht konsistent zu begründen, da deren biologische Kennzeichnung – kategorial auf einer anderen Ebene – der Menschenwürde inkommensurabel ist. Die Setzung entspricht einem „naturalistischen" oder „Sein-Sollen-Fehlschluss" vom Sein der Zygote auf das Sollen der Würdeachtung – mit dem Zwischensatz, dass die beiden, Zygote und fertiger Mensch, der gleichen Spezies angehören.

b) Wie steht es mit der Zulässigkeit, der Zygote aufgrund der Spezieszugehörigkeit Würde und einen Rechtsanspruch auf absoluten Lebensschutz zuzusprechen? Voraussetzung eines solchen Anspruchs ist die (Zuerkennung der) Qualität eines Status als Rechtssubjekt. Diese Qualität kann der Zygote – auf der kategorialen Ebene der Spezies-Zugehörigkeit – ebenso wenig zuerkannt werden wie die Menschenwürde. Von einem Subjekt kann zu diesem Zeitpunkt allenfalls als prospektiver Qualität gesprochen werden. Allerdings kann dem Embryo der Status eines Rechtsobjektes i. S. eines Schutzobjektes unserer Rechtsordnung zugesprochen werden; dann ist ihm qua Gattungszugehörigkeit ein solidarisches Schutzrecht eigen. Damit ist jedoch die Ebene der empirischen Charakterisierung der Spezieszugehörigkeit normativ überschritten.

Das Spezies-Argument ist nur in Zusammenhang mit einem der anderen SKIP-Kriterien oder Argumente zulässig oder aber mit normativen Konnotationen wie der der Solidarität.

Erst auf einer höheren Entwicklungsstufe des Keimes – frühestens auf der der Entwicklung von Gehirnstrukturen, die Empfindungen ermöglichen, gar erst subjektives Erleben – kann von ihm als Träger spezifisch menschlicher Eigenschaften, d. h. hier der (genetischen

Ausstattung als Disposition zu) Subjektivität, (Selbst-) Bewusstsein die Rede sein, von möglicher Schmerz-, von Leib-Empfindung. Das heißt nicht, dass nicht viel früher schon, deutlich vor der Entwicklung von Hirnstrukturen, die werdende Mutter eine Beziehung zu ihrem Kind aufnehmen und ihm einen (moralischen) Lebensschutz zusprechen kann. Dies ist aber nicht mit dem Spezies-Argument zu stützen. Auch der bereits im Pränidationsstadium des Embryos einsetzende „feto-maternale Dialog", die „Vorbereitung" der Uterusschleimhaut für die Einnistung ist biologisch zu kennzeichnen. Es ist ein biologischer Prozess des wechselseitigen Einflusses zwischen dem frühesten Embryo mit der Mutter, hat aber noch nicht den Charakter einer aktiv-reaktiven, auch emotional gefärbten „Zwiesprache".

Das bringt uns zu der notwendigen Bestimmung, was hier unter „spezifisch menschlichen Eigenschaften", oft als „Φ-Eigenschaften" bezeichnet,[3] verstanden werden soll. Unbestreitbar ist die Zygote im biologischen Sinne als mit dem humanen diploiden Chromosomensatz ausgestattete Zelle, ist auch die sich aus ihr entwickelnde Blastozyste ein Entwicklungsstadium des Menschen (nicht *zum* Menschen!) – aber doch erst in einem Vorstadium der Spezifität. Diese entwickelt sich erst mit den Voraussetzungen „dialogischer" Kommunikation, eben mit der Entwicklung rezeptiver und reagibler Hirnstrukturen. Insofern kann m. E. in diesem Stadium noch nicht von menschlicher Spezifität gesprochen werden.

Damit ist ein Weiteres verbunden: Der Embryo ist in diesem Stadium auch (noch) nicht verletzbar im Sinne des *Erlebens* von Verletzung. Das wird er erst mit der Entwicklung von Schmerzempfindlichkeit, der frühesten Form von Rezeptivität, vor der Ausbildung der Voraussetzung für akustische Wahrnehmung. Erst die

---

3   Damschen. G. & Schönecker, D. (2003): Zukünftig Φ – Über ein subjektivistisches Gedankenexperiment in der Embryonendebatte. Jahrbuch Wissenschaft und Ethik Bd.8, S. 67-93. – Dies. (2002): Argumente und Probleme in der Embryonendebatte – ein Überblick. In: Damschen, G. & Schönecker, D. (Hrsg.): Der moralische Status menschlicher Embryonen. Berlin: de Gruyter, S. 1-7.

subjektiv empfundene Verletzbarkeit gebietet dem Embryo gegenüber eine Schutzpflicht um seiner selbst willen.

Dieses „noch nicht" der erlebten Verletzbarkeit heißt nicht, dass wir nicht auch dem Embryo in diesem Stadium Schutzwürdigkeit zuerkennen müssen: ihm als Lebewesen, als Lebendigem. Wir dürfen in der Achtung vor dem Leben nicht beliebig, fahrlässig, wertfrei mit ihm umgehen. Leben ist als solches ein zu schützendes Gut, ein Wert, über den nur auf der Basis einer äußerst sorgsamen ethisch- und rechtlich-normativen Abwägung und auf der Grundlage einer gut begründeten ethischen Güterlehre verfügt werden darf. Diese ist aber nicht ein- für allemal festgelegt. Vielmehr ist sie diskursiv je plausibel zu machen.

Die Verletzbarkeit im o. g. Sinne ist Voraussetzung auch für ein eigenes, nicht nur ihm zugeschriebenes Schutzrecht als eine moralische Verpflichtung der Mitmenschen. Die Spezies-Zugehörigkeit ist der erlebbaren Verletzbarkeit vorgängig, bis zurück zur Zygote, und sie ist „lebenslänglich". Aber sie bleibt eine biologische Eigenschaft, die als solche nicht normativ mit dem Schutzrecht untrennbar verknüpft werden kann. Somit bleibt das Spezies-Argument nur i. S. eines Prinzips der Gattungssolidarität,[4] die uns vor willkürlichem Umgang mit menschlichen Embryonen zurückschrecken lassen muss. In Anerkennung dessen, dass der Mensch, der wir als Erwachsene geworden sind, die gleichen Entwicklungsschritte von der Kernverschmelzung zweier Keimzellen über den Embryo im Stadium vor seiner Empfindungsfähigkeit und der darin gegründeten Verletzbarkeit bis zur Geburt und zur weiteren selbständigen Lebensfähigkeit durchlaufen hat, sind wir ihm auch solidarisch verbunden mit der Anerkennung gleichen Lebensrechts. Über diese aus dem Solidaritätsprinzip folgende Anerkennung der Schutzrechte hinaus

---

4   Birnbacher, D. (1996): Ambiguities in the Concept of Menschenwürde. In: Bayertz, K. (Hrsg.): Sanctity of Life and Human Dignity. Dordrecht, Boston, London: Kluwer Academic Publishers (1996), S. 107 – 121; Merkel, R. (2002): Forschungsobjekt Embryo. München: dtv, S. 141.

ist dieses auch konform mit den „Fundamentalnormen unserer Rechts- und Moralordnung", der Menschenwürde, dem Lebensrecht und dem Gleichbehandlungsgebot. Die Fundamentalnormen stützen sich jedoch nicht auf die biologische Spezies-Zugehörigkeit (allein). Vielmehr kann diese erst in ihrer Verknüpfung mit anderen Lebensschutzargumenten, vor allem mit dem Potentialitäts-Argument, im wertorientierten kulturellen Kontext ihr Gewicht gewinnen.

Im Blick auf seine Stichhaltigkeit als Argument für den Embryonenschutz wurde vorausgehend das Spezies-Kriterium über die rein biologische Kennzeichnung der chromosomalen Gattungsausstattung hinaus erweitert um das Kriterium der Lebendigkeit der Zygote, die den Lebensschutz gebietet. Wie im alltäglichen angemessenen Umgang mit Lebendigem, mit Pflanzen und Tieren, zur Nahrung oder zur Abwehr möglicher Gefährdung, ja auch in der Entscheidung zum Schwangerschaftsabbruch um des Lebens der Mutter willen eine Güterabwägung geleistet wird, so bietet auch die Lebendigkeit der befruchteten Eizelle, des frühen Embryos nicht ein absolutes Schutzgebot, kein absolutes Tötungsverbot. Vielmehr ist auch hier eine verantwortbare Abwägung von Werten zulässig. Verantwortbarkeit – das setzt einen soziokulturellen Hintergrund voraus, Abwägung im Kontext einer Wertordnung. Eine beliebige, wertneutrale Behandlung des Früh-Embryos ist weder moralisch zu dulden noch rechtlich zulässig.

Das „erweiterte Spezies-Kriterium" (gekennzeichnet durch die chromosomale Gattungszugehörigkeit, die Lebendigkeit, die durch die eigene Entwicklung aus einer Zygote gegebene Solidarität, die eine Gleichbehandlung im Blick auf Zukunftschancen des Keimes fordert) hält sich zwar im Rahmen des Spezies-Kriteriums, berücksichtigt aber normative Implikationen von Lebendigkeit und Solidarität. Es stützt dessen argumentatives Gewicht in der Debatte um den Embryonenschutz jedoch nicht auf eines der anderen SKIP-Kriterien.

Hingegen wird es häufig mit kategorial unverträglichen Kennzeichen, ja Fundamentalnormen verknüpft, die – für sich genommen und unter der Voraussetzung ihrer Akzeptanz – tragfähig sein können, um den Embryonenschutz zu begründen. So ist beispielsweise m. E. ein zwingender Zusammenhang von Menschenwürde, Moralität und Spezies-Zugehörigkeit „in der Sache", im Embryo nicht zu sehen. Der Obersatz, jedes Mitglied der Spezies Mensch habe Würde aufgrund seiner natürlichen Artzugehörigkeit, kann nicht durch den Untersatz, jeder menschliche Embryo sei von Anfang an Mitglied der Spezies Mensch, zur Konklusion, jeder Embryo habe also Würde, führen. Das impliziert eine unzulässige Metabasis: es verlässt die Ebene der Spezies-Zugehörigkeit. Wenn dann im nächsten Schritt die „Würde eines Wesens ... in seinem Vermögen zum sittlichen Subjektsein begründet wird",[5] wird zudem die dem Keim eigene Potentialität hinzugefügt. Auch der Person-Begriff ist durch die Spezies-Zugehörigkeit allein nicht zu stützen. Auf der deskriptiven Ebene sind auch Person-Sein und Mensch-Sein, sofern dieses – zu Recht – dem Früh-Embryo zuerkannt wird, nicht gleichzusetzen. Eine Unterscheidung vermeidet auf der Ebene der SKIP-Kriterien die Charakterisierung als Person, sei sie als Bewusstseinskontinuität (Locke) oder Befähigung zur Sittlichkeit (Kant) gesehen; sie sind nicht deckungsgleich.[6] Das widerspricht nicht, „dem Sein als solchem Bedeutsamkeit, Werthaftigkeit und Bejahenswürdigkeit" zuzusprechen.[7]

Wie mit dem Potentialitätskriterium wird das Spezies-Kriterium oft auch mit dem Kontinuitäts- und dem Identitätskriterium verknüpft. Darauf ist später einzugehen.

Zwar entwickeln sich aufgrund der genetischen gattungsspezifischen Ausstattung die naturalen Voraussetzungen zur Entfaltung der o. g. Kennzeichen (Subjektivität, Bewusstseinsfähigkeit, Reflexionsvermögen, Moralität etc.), die den Menschen von Tieren unterschei-

---

5 Schockenhoff, E. (2002): Pro Speziesargument: Zum moralischen und ontologischen Status des Embryos. In: Damschen, G. & Schönecker, D. (Hrsg.): Der moralische Status menschlicher Embryonen. Berlin: de Gruyter, S. 11-33.
6 Ebd. S. 13.
7 Ebd. S. 17.

den. Wollte man diese prospektive Möglichkeit im Spezies-Kriterium verankern, würde dieses aber wiederum normativ erweitert und auf diese Weise den Rahmen der SKIP-Kriterien weit überschreiten. Zweifelsfrei ist Naturalität Bedingung für den Lebensschutz. Dieser ist aber nicht allein aus dem Spezies-Kriterium zu begründen.

So ist in der Debatte um den Embryonenschutz aus dem „reinen Spezies-Kriterium" weder ein eindeutiges Veto noch eine unbegrenzte Akzeptanz der wertbegründeten Forschung an und mit embryonalen Stammzellen abzuleiten. Es bedarf weiterer Begründungen.

Kontinuitäts-Kriterium

Das zweite der SKIP-Kriterien in der Embryonenschutzdebatte ist das Kontinuum- oder Kontinuitäts-Kriterium. Es sieht in der Kontinuität der Entwicklung des Menschen von der Kernverschmelzung der Keimzellen zum fertigen Menschen die oder eine Begründung für das absolute Tötungsverbot. Die Entwicklung ist nicht eine zum Menschen, sondern eine des Menschen, der in den zellulären Vorgängen der Befruchtung seinen Anfang nimmt. Unter normalen Bedingungen seien in dem Prozess keine Zäsuren, keine Sprünge und keine Einschnitte zu sehen.

Mit der In-vitro-Fertilisation (IVF) (spätestens) wird aber mindestens eine entscheidende Stufe vom Pränidations-Embryo zu dem in der Schleimhaut der Gebärmutter eingenisteten Keim deutlich: sei es spontan, natürlich oder durch das Einbringen des aus der (extern) imprägnierten Eizelle entstandenen Embryos in die Gebärmutter (Embryo-Transfer). Die weitere Entwicklung lasse keine biologischen Zäsuren erkennen, an denen sie ohne Willkür abgebrochen werden könne.

Zwischen dem embryo-fetalen Leben in seinen frühesten Stadien und der reifen Leibesfrucht könne aufgrund eben dieses kontinuierlichen Prozesses des Lebens ebenso wenig ein Unterschied gemacht werden wie zwischen dem ungeborenen und geborenen

Leben. Selbst eine (allein biologisch gestützte) strenge Kriteriologie könne keine Zulässigkeit eines Abbruchs des Kontinuums plausibel machen.

Dem ist entgegenzuhalten, dass die Nidation – ob bei natürlicher oder reproduktionsmedizinischer Zeugung bzw. Fertilisation – doch einen auch den natürlichen Prozess entscheidenden Schritt, eine „Stufe" bedeutet. Erst jetzt findet der Embryo die Bedingungen für seine weitere Entwicklung, die von da an mit weitaus größerer Wahrscheinlichkeit kontinuierlich ablaufen kann.

Ungeachtet dieser „Nidationsstufe" ist das Kontinuitätskriterium jedoch nicht ohne zusätzliche Stütze für den Embryonenschutz (v. a. durch die Potentialität) konsistent haltbar. Das Gebot des Embryonenschutzes aus der „normalen Kontinuität" der Entwicklung ableiten zu wollen, entspräche wieder einem naturalistischen Fehlschluss: vom biologischen Prozess normativ ein Handlungsverbot des Abbruchs abzuleiten. Wiederum gilt aber die moralische Intuition, dass die Achtung des Lebens auch gebietet, seine kontinuierliche Entfaltung nicht zu zerstören. Jedoch auch hier im Rahmen einer Wertordnung!

Hier sei ein Einschub erlaubt. Er befasst sich mit der Antikonzeption, genauer mit der Nidationshemmung i. e. S. Zwar beeinflussen verschiedene Methoden der hormonellen Empfängnisverhütung nicht nur die Ovulation, sondern auch die Einnistung in die veränderte Gebärmutterschleimhaut. Es geht hier aber um den als Hauptwirkung beabsichtigten Effekt der Nidationshemmung – sei es durch (Hormon tragende oder Kupfer-) Intrauterin-Spiralen, oder die „Pille danach" (Norlevo®, Postinor®) oder RU 486 = Mifegyne®, ein schwangerschaftsverhütendes Antigestagen, das auch nach bereits erfolgter Einnistung noch als „Abtreibungspille" benutzt werden kann). Tausendfach praktizierte Methoden der Schwangerschaftsverhütung![8] Deren Einführung (als „Ovulationshemmer" in den

---

8 Laut Berlin-Institut für Bevölkerung und Entwicklung (Schiller-Straße 59 in 10627 Berlin; info@berlin-institut.org; www.berlin-institut.org) trugen

60er und frühen 70er Jahren des letzten Jahrhunderts, als Spirale etwa gleichzeitig) hat zwar Proteste seitens der Kirchen ausgelöst; jedoch sah der Gesetzgeber keinen Anlass zum Verbot. Inzwischen ist die Nutzung der „Spirale" eine akzeptierte Praxis bei Frauen, die meist ihre Familienplanung abgeschlossen haben. Mittels dieser Methode werden befruchtete Eizellen in der Kontinuität ihrer Entwicklung gehindert, d. h. getötet – wohl ohne dass dies den Frauen bewusst ist (geschweige denn deren Partnern!). Daran wird auch der Packungsvermerk oder das Gespräch mit dem Gynäkologen wenig ändern. Es mutet wie eine ungleiche, inkonsistente Wertung, ja wie ein Wertungswiderspruch des auf diese Weise verhinderten Embryos und des IVF-Embryos seitens des Gesetzgebers und der Gesellschaft und der betroffenen Frauen an: der gesetzlich zu verhindernde, ggf. strafrechtlich sanktionierte und der „selbstverständliche", unreflektiert praktizierte, weithin akzeptierte Embryozid. Auch in der Diskussion um die Novellierung des Stammzellgesetzes gilt die Sorge der Gesellschaft und der Kirchen den durch Embryonen- und Stammzellforschung „geopferten", „verbrauchten" Lebewesen; die weit größere Zahl der „Spiralen-Opfer" bleibt unerwähnt.

Wie bei der Diskussion um das Spezies-Kriterium ist auch hier zu unterscheiden zwischen dem Kriterium der Kontinuität oder des Kontinuums der Entwicklung von der befruchteten Eizelle zum „fertigen" Menschen (bis zu seinem Tod!) und der sich auf das Kriterium stützenden Argumentation im Kontext des Embryonenschutzes. Als Deskription des biologischen Prozesses hat das Kriterium keine normative Kraft. Es wäre wiederum ein Sein-Sollen-Fehlschluss, d. h. ein naturalistischer Fehlschluss und als solcher unhaltbar für die Begründung.

---

in den 90er Jahren in Deutschland 7 % der befragten Frauen eine „Spirale"; in Österreich waren es 13, in den skandinavischen Ländern sogar bis > 30 %. Ca. 70-80 % der verheirateten oder in enger Partnerschaft lebenden 20-45jährigen Frauen nahmen Antikonzeptiva.

So ist zunächst zu fragen, ob für eine Begründung des Lebensschutzes ein auf den biologischen Aspekt reduziertes Verständnis der Kontinuität des sich entfaltenden Lebens hinreichend ist. Nicht die Faktizität des Prozesses, sondern die sich darin mehr und mehr selbst steuernde Entfaltung genetisch angelegter Möglichkeiten, die Aktualisierung von Potentialität, die quantitativ und qualitativ wachsenden Voraussetzungen der Entwicklung zu Subjektivität, Empfindungs- und Wahrnehmungsfähigkeit, zu Bewusstseinsbildung – kurz: die mehr als nur biologisch kontinuierliche Entfaltung steht zur Diskussion. Auch hier wieder ist es die untrennbare, weil konstitutive Verbindung von zeitlicher und kausaler und intrinsisch konditionaler Kontinuität mit der sich aktualisierenden Potentialität der genetisch identischen Individualität, die das deskriptive Kriterium zu einem moralischen, wertorientierten, d. h. normativen Argument macht. Derart charakterisiert, gilt es für jedes Stadium des sich entwickelnden Embryos auf seine Zukunft hin. Nicht erst die Perspektive vom geborenen Kind oder gar vom mündigen Erwachsenen auf deren Anfang in der Zygote, nicht die analoge Übertragung von „Φ-Kriterien"[9] der Autonomie, der (Selbst-) Bewusstseinsfähigkeit, der Vernunftbegabung, des Personcharakters oder der Menschenwürde vom Erwachsenen nach rückwärts zum Embryo begründen seine Schutzwürdigkeit – sondern stets aktuell die Prognose des Keims, seine Zukunft. Aus dem je aktuellen Grad bereits aktualisierter Potentialität ergibt sich das normative Gewicht des Kontinuitätsarguments.

Die biologische Entwicklung des Menschen von der Kernverschmelzung der Gameten bis zur Geburt lässt (phänomenal) durchaus Phasen oder Stufen erkennen, die aber nicht die Kontinuität unterbrechen. Es wäre ein Missverständnis, wollte man den Prozess als gleichmäßiges Kontinuum und nicht als emergenten, d. h. je qualitativ neue Entwicklungsstufen ermöglichenden Prozess sehen.

---

9   Damschen, G. & Schönecker, D. (2002): Argumente und Problem in der Embryonendebatte – ein Überblick. In: Dies. (Hrsg.): Der moralische Status menschlicher Embryonen. Berlin: de Gruyter, S. 3.

Phänomenal lässt sich der Pränidations- vom Nidationsembryo, der in Tropho- und Embryoblast differenzierbare oder der noch nicht mit Primitivstreifen oder Neuralrohr entwickelte Keim von dem nach Ausbildung neuronaler Strukturen bis zum Abschluss der Organogenese (Ende der 8. Schwangerschaftswoche) unterscheiden. Diese Unterscheidbarkeit rechtfertigt aber nicht eo ipso eine allein daran festzumachende Erlaubnis, die Entwicklung abzubrechen.

Trotz der konstitutiven Einheit der vier SKIP-Kriterien in re zu einem nur gemeinsam vorzutragenden Argument im Kontext der Debatte um den Embryonenschutz sehen wir in weiten Teilen der Bevölkerung die intuitive Akzeptanz einer moralischen und pragmatischen und auch juristisch zulässigen Abwägbarkeit einer möglichen Graduierung der Schutzwürdigkeit: Wird doch z. B. mit der mütterlichen Indikation zum Schwangerschaftsabbruch das Leben des Embryos dem Schutz der Mutter geopfert und wird auch im Rahmen der Infertilitätsbehandlung bei erblich belasteten Paaren nach IVF ein erkennbar chromosomal geschädigter Früh-Embryo nicht implantiert, dem Absterben preisgegeben.[10]

Hier wird m. E. sichtbar, dass Schutzwürdigkeit nicht bedingungslos an Menschenwürde gebunden ist. Menschenwürde ist kategorial nicht mit den SKIP-Kriterien (!) allein zu begründen – sofern sie überhaupt argumentativ begründbar ist. Vielmehr ist sie ein unhintergehbares Konstituens des Mensch-Seins, das zu achten unsere gattungsspezifische (nicht individuelle) Selbstachtung gebietet: vom Beginn der Entfaltung der Möglichkeit seiner Trägerschaft i. S. der genannten Φ-Kriterien bis in den Tod hinein, ja über den Tod hinaus (siehe postmortale Totenrechte!). Achten wir doch auch noch den Gestorbenen, für den Lebensschutz absurd ist. Die Achtung der Würde zeigt sich (wohl leider noch zu selten) in der zunehmenden Häufung von Bestattungen von (Früh-) Abortgeburten.

Auch gegen das Kontinuitätskriterium sind Einwände zu erheben. Sie zielen auf die Unzulässigkeit eines naturalistischen Fehlschlusses

---

10 Die diesbezügliche rechtliche Diskussion ist durchaus strittig.

vom biologischen Verständnis der Kontinuität auf ihre normative Funktion. Diesen Einwänden entgegnen die o. g. Erweiterungen der Kontinuitätseigenschaft, ihre Verknüpfung mit den anderen SKIP-Kriterien und die aus der selbstgesteuerten Entfaltung sich ergebende Aktualisierungsfähigkeit. So gewinnt auch das Kontinuitätsargument seinen in zweifachem Sinne teleologischen Aspekt auf Verwirklichung seiner Möglichkeit.

Der Aspekt räumlicher Kontinuität, d. h. des räumlichen Zusammenhangs des sich entwickelnden Embryos kann nur gemeinsam mit der sich fortlaufend ereignenden, aber diachron kontinuierlichen Formänderung gesehen werden; es kann kein getrennt zu betrachtender Aspekt sein.

Identitätskriterium

Das Identitätsargument sieht in der mit der Kernverschmelzung zur diploiden Zygote etablierten genetisch-chromosomalen Identität mit dem sich daraus entwickelnden Menschen ein entscheidendes Kriterium für dessen Schutzwürdigkeit.

Dem ist zweierlei entgegenzuhalten:

1. ist mit der Diploidie der Zygote und des Früh-Embryos zwar eine genetische art- und individuum-spezifische Identität für die weitere Entwicklung gesetzt: Der Einfluss epigenetischer, vom nukleären Chromosomensatz unabhängiger Prägung des sich entfaltenden Lebewesens ist nicht berücksichtigt. Das Ausmaß solcher Prägung ist schwerlich festzumachen, jedoch nicht zu ignorieren.
2. Die chromosomale Identität kann nur als diachrone angesehen werden, will sagen: als prospektive Übereinstimmung der DNA-Sequenzen in dem neu konfigurierten Genom der Zygote mit dem späteren individuellen Genom (der durch den Nukleinsäure-Stoffwechsel bedingte Austausch von Chromosomensubstanz

bleibe hier unberücksichtigt.). Beides aber – sowohl die prospektive genetische wie epigenetische Identität sind rein biologische Sachverhalte, die schwerlich normativ gesetzt werden können. Das käme wiederum einer normativen Handlungsbegründung durch ein biologisches Merkmal gleich. Das Identitäts-Kriterium ist also nur in der argumentativen Verbindung mit dem Kontinuitäts- und mehr noch mit dem Potentialitätskriterium als normativ relevant zu akzeptieren.
3. Erst mit der Ermöglichung individuellen Erlebens dank der Entwicklung von Hirnstrukturen (wie vorbehaltlich auch immer ein solches „Erleben" dem Embryo zugerechnet werden kann) könnte der Schutz des Embryos aufgrund der individuellen Identität begründet werden – wiederum ein weit über die biologische Dimension hinausreichendes Argument. Wird doch Identität, die zunächst biologisch bestimmt ist, mit der kategorial anderen Individualität verknüpft. Sie gibt dem Embryo seine Einmaligkeit, die m. E. als ein starkes Argument für seine Schutzwürdigkeit und damit auch für seine Schutzbedürftigkeit zu gewichten ist. Es sind die keinem anderen Wesen zukommenden Wahrnehmungen von der Mutter her, der erste mehr als nur physiologisch-biochemische feto-maternale Dialog (der früher beginnt, bereits in der Vorbereitung der Nidation der Blastozyste).

Wie bei eineiigen Zwillingen von chromosomaler Identität gesprochen werden kann, die aber unterschiedliche Entwicklungen unter je individuellen Einflüssen (über epigenetische Prägung bereits intrauterin!) zulassen, so gewinnt jeder Keim über die genetische Identität hinaus seine je eigene Individualität.

Weder mit der nur grob skizzierten, biologisch definierten Identität (der chromosomal-genetischen Prägung von der Verschmelzung der Gametenkerne an bis zum Erwachsenen hin, ja noch im Tod in den sich weiterhin teilenden Zellen bzw. deren Kernen) noch mit der knappen Ergänzung fetaler Individualisierungseinflüsse ist das Identitätskriterium für die Begründung oder die Delegitimierung von Menschenwürde und Lebensschutz tragfähig. Es bedarf der genaueren Definition.

Was ist mit Identität im genannten Kontext gemeint? Zu unterscheiden sind von der biologischen Spezies- und individuellgenetischen = chromosomalen Identität die morphologische und funktionelle, die Gattungs- oder Gruppen- gegenüber der numerischen Identität und schließlich die ontogenetische Identität.[11] Mit keiner dieser Definitionen der Identität allein lässt sich der moralische Status des Embryos, seine Menschenwürde logisch oder konstitutionell begründen.

Versteht man Identität als Gleichheit, als Relation zweier oder mehrerer Objekte, so sind chromosomal- und ontogenetisch, also in ihrer Gen-Ausstattung und ihrer der Gattung entsprechenden Entwicklung gleiche Embryonen (Mehrlinge!) identisch. Sie entfalten sich selbstgesteuert gemäß dem genetischen Programm in je eigener diachroner Identität (ungeachtet möglicher epigenetischer Einflüsse, die die Embryonen unterschiedlich prägen können). Derartige Embryonen haben eine gemeinsame Entwicklung in der Zygote bis zu ihrer Trennung in verschiedene Individuen; dennoch haben sie ihre Identität nicht erst durch die Trennung der totipotenten Zelle(n) aus dem 4- oder 8-Zell-Stadium des sich entwickelnden Keimes, wohl aber ihre Individualität. Morphologische und funktionelle Identität kann ihr Relat nur in der Gleichheit entsprechend entwickelter menschlicher Embryonen haben. Die sortale = Gruppen-Identität (z. B. die Gattungsidentität) hingegen ist eine Klassifikationskategorie, die für jeweils bestimmte Merkmale Gruppen gleicher Objekte, hier Embryonen oder „Menschen", gegeneinander abgrenzt.

Keine dieser empirisch feststellbaren Formen von Identität ist als Argument für die Auszeichnung des Embryos mit Menschen-

---

11 Dieser Begriff hat nichts zu tun mit dem „biogenetischen Grundgesetz" Haeckels, nach dem die individuelle intrauterine Entwicklung grosso modo der Entwicklung „niederer" Tiere als der Mensch durchlaufen soll – eine heute nicht mehr gültige Theorie!

würde und Lebensschutzrecht hinreichend. Lediglich unter dem Aspekt des diachron selben Wesens, das sich zum fertigen Kind der Geburt und zur erwachsenen, (potentiell) mündigen Person entwickelt, ist der Embryo – ein normaler Verlauf von Wachstum und Reifung vorausgesetzt – teleologisch begabt, Träger spezifisch menschlicher Eigenschaften zu werden. Diese potentielle Zukunft macht ihn den aktuellen Trägern solcher Eigenschaften gleich (in sortaler Identität). Aus deren Respekt (einer erhofften Zukunft) ist der Embryo in einem ersten Schritt Gegenstand von Verantwortung, der Adressat von Verpflichtung.[12] Ihm gegenüber hat der Erwachsene eine Schutzpflicht, da der Embryo nicht entwicklungsfähig wäre ohne dessen Schutz. So verstanden hat also der Embryo einen Schutzanspruch. „Erst mit der Verbindung dieser Adressatenschaft [der Verpflichtung] und Trägerschaft [des Schutzanspruchs] gibt es ein Attribut, im Blick auf das sowohl sein Inhaber sich selbst unbedingte Achtung schuldig ist wie auch seinesgleichen wiederum ihm unbedingte Achtung schuldig ist."[13] So wird also die Schuldigkeit der Achtung des Embryos von dessen Zukunft der Identität mit dem reifen Menschen her begründet: mit dem Doppelaspekt „aus embryonaler Sicht" prospektiv in sich entfaltender Potentialität und retrospektiv von der erfüllten Potentialität des Erwachsenen her, in „reflexiver Identifikation."[14] Das Identitätsargument kann damit „zu der These konkretisiert werden, dass der menschliche Embryo *derselbe Adressat einer unbedingten Verpflichtung* und *derselbe Träger des korrespondierenden unbedingten Rechts* ist wie der erwachsene Mensch."[15]

Die erfüllte Potentialität des Erwachsenen schließt die Fähigkeiten zu Selbstbewusstsein, Selbstbestimmung und Moralität ein – Charakteristika, die intuitiv Menschenwürde ausmachen. Unter der

---

12   Enskat, R. (2002): Pro Identitätsargument: Auch menschliche Embryonen sind jederzeit Menschen. In: Damschen, G. & Schönecker, D.: Der Status menschlicher Embryonen. Berlin: de Gruyter, S. 101 – 127.
13   Ebd. S. 107.
14   Ebd. S. 116 ff.
15   Ebd. S. 108 (kursiv vom Autor).

Annahme der diachronen numerischen Identität des sich entwickelnden Lebewesens und der prospektiven Identität mit dem reifen Menschen ist so auch dem Embryo Menschenwürde zuzuerkennen, ja er ist dank seiner Potentialität Menschenwürdeträger (s. u.). Wie der Erwachsene dort, wo er nicht (mehr) in der Lage ist, einen Schutzanspruch zu artikulieren, unterstützt oder tutioristisch vertreten werden kann, so stellt auch der Embryo diese Ansprüche, spricht auch er den schutz- und vertretungsfähigen Erwachsenen an. Als Anspruchsträger ist er Subjekt (nicht im Sinne aktiven Selbstbewusstseins) und Gegenüber moralischer Selbstverpflichtung des Menschen. Das konstituiert den wechselseitigen moralischen Status des Embryos und der für ihn Verantwortlichen.

Ein solcher moralischer Status ist dem Nasciturus, dem geborenen Kind mit seiner sich entfaltenden Moralfähigkeit und dem Erwachsenen eigen. Für diese Entwicklungsstufen akzeptieren wir aber – unter Achtung ihres Würdestatus – eine Abwägbarkeit des Lebensschutzes unter besonderen Bedingungen eines Güter- oder Wertekonfliktes (z. B. Lebenserhaltung oder Rettung der Mutter während der Schwangerschaft oder unter der Geburt, in Notwehr oder im Kriegsrecht). Hier wird deutlich, dass Menschenwürde und Lebensschutzanspruch nicht unbedingt miteinander verknüpft sind und somit auch das Identitätsargument – auch unter Rekurs auf die Trägerschaft von Menschenwürde und Lebensschutz – kein absolutes Tötungsverbot begründet. Wohl aber eine uneingeschränkte Würdeachtung!

Das Identitätskriterium wirft die Frage auf, inwiefern für eineiige Zwillinge oder Mehrlinge deren Identität zurückzuverfolgen ist bis zu ihrer Ursprungszygote. Teilen sie sich nicht eine gemeinsame Identität? Oder beginnt ihre Identität erst mit der Trennung zweier oder mehrerer Keime? M. E. trifft beides zu: mit der Kernverschmelzung ihrer Eltern-Gameten haben sie als genetisch bestimmte Lebewesen ein gemeinsames Erbe, das ihre embryonale Entfaltung und ihre Ausreifung ermöglicht und prägt; als eigenständig sich getrennt entwickelnde Lebewesen beginnt ihre individuelle diachrone Identität mit der Trennung. Unter beiden Gesichtspunkten haben sie von ihrem Anfang an ihre Identität, ihre Trägerschaft von Menschenwürde und Lebensschutzwürdigkeit (im dargestellten Sinne). Ihre genetische Gleichheit stellt nicht ihre Individualität mit der Potentialität eigenständiger Entwicklung in Frage – nicht intrauterin und nicht postpartal – ungeachtet der Möglichkeit unterschiedlicher epigenetischer Mitprägung, die sich nach der Geburt durch die weitere unterschiedliche Biographie weiter differenziert. Auch eineiige Zwillinge sind je eigenständige Individuen.

Potentialitätskriterium

Wollte man bei der Begründung des Embryonenschutzes die vier SKIP-Kriterien gewichten, so würde sicherlich der Potentialität der befruchteten Eizelle die Präferenz gegeben werden: die Kraft, „aus eigenen Stücken" die Entwicklung zu einem reifen Kind zur Geburt und darüber hinaus zum ausgewachsenen Menschen zu starten. Auch Potentialität ist zunächst auf der biologischen Ebene zu sehen als empirisch belegbares *Kriterium* der Möglichkeit, sich zu entwickeln, zu wachsen und zu reifen. Wir können die Entfaltung aus sich selbst heraus beobachten. Als *Argument* wird aber diese Eigenschaft mit normativen Entwicklungszielen und rechtlichen und moralischen Verpflichtungen verknüpft, die ihr das argumentative Gewicht geben sollen.

Diese „Chance der Zukunft des status potentialis"[16] dürfe der Zygote, dem Embryo nicht zerstört werden. Es ist ein teleologisches Argument, das den gegenwärtigen Status des sich entwickelnden Menschenlebens auf die Zukunft hin sieht und nicht – wie Spezies- und genetisches Identitätskriterium – deskriptiv den je aktuellen Zustand des Embryos in den Blick nimmt. Vielmehr ist es die sich selbst entfesselnde Dynamik, die die Entwicklung vorantreibt.

---

16 Merkel, R. (2002): Forschungsobjekt Embryo. München: dtv, S. 161

Die inhärente Kraft ist nicht als bloße Möglichkeit von unterschiedlich wahrscheinlichem „kann sein – kann aber auch nicht sein" aufzufassen, sondern als ein reales Vermögen, eine nicht mit Graden von Wahrscheinlichkeit anzugebende Potentialität, die aus sich heraus kraft biologischer Selbststeuerung der befruchteten Eizelle die Zukunft eines reifen Menschen eröffnet.[17] Dass diese Entwicklung nur unter besonderen Bedingungen möglich ist, schwächt nicht die Potentialität als solche. Leben ist stets an Bedingungen geknüpft. Die Bedingungen sind es aber nicht, die die Potenz ausmachen. Vielmehr entfaltet sich der Organismus aus sich heraus. Das macht den Unterschied gegenüber reiner Dispositionalität aus. Disposition bedarf zu ihrer Manifestation des Anstoßes, der Freisetzung von außen. Sie ist nicht selbstmächtig in der Lage, sich konkret zu aktualisieren.

Die dem Menschen eigene, seine Würde begründende Moralfähigkeit ist wie seine Sprachfähigkeit eine essentielle Disposition, die antizipatorisch vorauszusetzen ist für deren Entfaltung durch Erziehung und sprachliche Kommunikation. Beide Dispositionen können jedoch nicht aus sich selbst heraus aktualisiert werden wie die Potentialität selbständiger Entwicklung. Diese Entwicklung schafft die Realisierungsmöglichkeit für Moralitäts- und Sprach- – ja, früher

---

17 Die Potentialität der mit der Samenzelle imprägnierten Eizelle, genauer: des Status des ausgebildeten „Vorkern- (Pronuclei-) Stadiums" bis zur abgeschlossenen Kernverschmelzung ist – die nötigen Entwicklungsbedingungen vorausgesetzt – gleich zu achten der der diploiden Zygote, wenn auch weder biologisch noch nach dem Embryonenschutzgesetz (§ 8 Abs. 1) das Vorkernstadium schon ein Embryo ist. Mag auch dieses Stadium vielleicht eher anfällig sein und samt seiner Potentialität leichter untergehen als Keime nach der Nidation; dennoch werden auch unter normalen Bedingungen bis zu 30 % der Pränidationsembryonen vor der natürlichen Entwicklung zum Fetus und zum reifen Kind abgestoßen. Diese hohe Rate von „natürlicher Spontan-Verweigerung" der Nidation ist kein hinreichend rechtfertigendes Argument für die Nidationshemmung (durch Antikonzeptiva oder die Spirale), die die Frau, das Paar menschlich zu verantworten hat.

noch – für Beziehungs- und Kommunikationsfähigkeit (bereits intrauterin!), die im Keim, in nuce bereits angelegt sind. Seine Potentialität ist nicht graduierbar, wohl aber deren jeweilige Aktualisierung. Sie entspricht einer Entfaltung in einer biologischen, psychologischen und soziokulturellen und insofern normativen Umwelt, die dem Embryo gegenüber auch Schutz- und Achtungspflichten begründet. Nicht in der Spezies-Zugehörigkeit oder der bereits aktualisierten Verletzbarkeit und nicht in der rein deskriptiven Kontinuität seiner Entwicklung, vielmehr in der Potentialität der Selbstentfaltung und der Selbstermöglichung seiner Dispositionen ist sein Sollensanspruch an die Lebenden konstituiert. Dieser Anspruch appelliert an die Gewährung von Leben und Lebensschutz und Entfaltungsmöglichkeiten, an seine Zukunftschancen, wie sie dem geborenen Kind moralisch und justiziabel garantiert sind.

Es ist wieder der Kontext von der oben gekennzeichneten Umwelt des Embryos und die Solidaritätspflicht in Ansehung unserer eigenen Erfahrung, ein Lebensrecht zugestanden bekommen zu haben, der uns tutoristisch für den Schutzanspruch des Embryos eintreten heißt – nicht seine (ihm noch nicht eigene) Rechtssubjektivität. „Einen *status ad quem*, einen *künftigen* Zustand, ein *späteres* Sein schützen zu sollen, bei gleichzeitiger Unmöglichkeit, dessen physiologische Grundlage aktuell gegenwärtig zu verletzen, entspricht der Normqualität positiver Pflichten."[18]

Eine genauere Analyse erfordert eine Differenzierung von Potentialität. Zunächst ist zwischen der gattungs-bezogenen und der individuellen Potentialität zu unterscheiden. Aufgrund der Gen-Ausstattung – normale Verhältnisse vorausgesetzt – hat der Mensch als Mitglied der Gattung (entsprechend der sortalen Identität) und als das einzelne sich entfaltende Wesen (in numerischer Identität) die Möglichkeit, die Anlage, ein moralfähiges Lebewesen zu sein.

---

18 Merkel, R. (2002): Forschungsobjekt Embryo. München: dtv, S. 172 (Kursiv vom Autor).

Was kann es dabei heißen, schon dem Embryo Moralfähigkeit (vor ihrer Entfaltung!) zuzusprechen? Ich sehe zwei Möglichkeiten:

1. ist der Zygote aus der Sicht des Erwachsenen in „reflexiver Identifikation"[19] ihre Zukunft zu schützen;
2. ist der mit der Potentialität veranlagte Embryo Gegenstand, Objekt der Verantwortung analog zu der Verantwortung, die der Erwachsene dem schutzbedürftigen Neugeborenen, dem Menschen in Not oder Gefahr gegenüber hat.

Die moralische Verpflichtung zur Protektion und Subsidiarität machen den Embryo zum Moral*objekt*, bis er in Selbstentfaltung selbständiges Moral*subjekt* wird. Ist (und bleibt) die Moralfähigkeit im Sinne sich entwickelnder Subjektivität und Reflexionsfähigkeit, Selbstbewusstsein und Wertorientierung „lebenslänglich" entwicklungsfähig und demnach graduierbar, so bleibt der Status als Moralobjekt unveränderbar durch das ganze menschliche Leben von der Zygote bis zum Sterben. Dies ist m. E. die Menschenwürde konstituierende Begründung des moralischen Status des Embryos. Nicht erst die sich allmählich entwickelnden personalen Eigenschaften oder der vom geborenen oder gar erst vom heranwachsenden Menschen artikulierte rechts-subjektive Anspruch, geachtet zu werden, sondern die verpflichtende Verantwortungsbeziehung zum Embryo entspricht der unhintergehbaren, unantastbaren Menschenwürde. Auch wenn die Achtung und die Verantwortung verweigert werden, bleibt ihr Gegenstand, ihr Objekt (als fundamentum in re) bestehen. Es ist auch der Maßstab der Verweigerung.

Zurück zur Differenzierung der Potentialität! Wie es sich hier nicht um eine bloße Möglichkeit handelt, so auch nicht um eine schlummernde Disposition, um ein „passives Potential",[20] die bzw.

19 Enskat, E. (2002): a. a. O., S. 116.
20 Schöne-Seifert, B. (2002): Contra Potentialitätsargument: Probleme einer traditionellen Begründung für embryonalen Lebensschutz. In: Damschen, G.

das zu ihrer/seiner Manifestation des äußeren Einflusses bedarf. Hier handelt es sich um eine intrinsische, von sich aus auf Aktualisierung drängende Entfaltungsmöglichkeit, deren nicht nur biologischer, sondern auch seinsmäßiger Geheimnischarakter unhintergehbar bleibt.

Das biologische Substrat, die fortwährend gesteigerte Ermöglichungsgrundlage der Aktualisierung ist nur naturaler Grund der Menschenwürde. Die moralische Verpflichtung gegenüber dem Embryo, sein Status als Moralobjekt gilt auch seiner inhärenten Potentialität, die darin normativ ist, dass sie die Entwicklungsmöglichkeit zum Moralsubjekt im o. g. Sinne, zur aktualisierten Moralfähigkeit als personale Fähigkeit impliziert.

Im Zusammenhang der Frage nach dem Beginn menschlichen (individuellen) Lebens und der damit argumentativ verbundenen Lebensschutzwürdigkeit wird oft den Gameten, der Ei- und der Samenzelle, bereits Potentialität zugeschrieben. Hier ist die Unterscheidung zwischen „Erzeugungs- und Entwicklungspotential" treffend.[21] Keine der beiden Keimzellen hat (unter normalen Bedingungen) die Kraft zur Selbstentwicklung und -organisation zu einem Embryo und zu einem ausgewachsenen Kind.[22]

& Schönecker, D. (Hrsg.): Der moralische Status menschlicher Embryonen. Berlin: de Gruyter, S. 169-185.

21 Ebd. S. 177 ff.
22 Mit Blick auf den Organismus sind zwei weitere Potentiale zu berücksichtigen: die der artgerechten Erhaltung und der individuellen Funktion einschließlich der personalen Entfaltung in Selbstbezug und Kommunikation. Im hier betrachteten Zusammenhang bleiben sie unbeachtet. Auch bleibt der Sonderfall parthenogenetischer Entwicklung und der Klonierung mittels Kerntransfer einer diploiden Körperzelle in eine entkernte Eizelle („Dolly-Methode") außer acht.

Resümee

Die hier vorgestellten Eigenschaften (SKIP-Kriterien: Spezies-Zugehörigkeit, Kontinuität, Identität und Potentialität) kennzeichnen den menschlichen Keim mit seiner Entwicklung von der diploiden Zygote nach der Verschmelzung der Zellkerne von Ei- und Samenzelle zum Embryo (bis zur 8. Schwangerschaftswoche), zum Fetus und zum geburtsreifen Kind, ja bis zum Erwachsenen und bis in den Tod. Neben einer Charakterisierung der SKIP-Kriterien sollte ihre argumentative Stichhaltigkeit in der Debatte um die Menschenwürde und den Lebensschutz beleuchtet werden.

In einem reduktionistischen Verständnis beschreiben die vier Kriterien biologische Kennzeichen des Entwicklungsprozesses. Je für sich genommen sind sie nicht tragfähig für eine logische oder konstitutive Begründung von absolutem Lebensschutz und unhintergehbarer Menschenwürde. Erst in einer erweiterten Interpretation und in der sich daraus ergebenden Verknüpfung der Kriterien gewinnen sie das Gewicht von Argumenten, die die empirisch-deskriptive Dimension überschreiten und plausibilisierbare normative Aspekte eröffnen. Sehen wir die Spezies-Zugehörigkeit unter dem Aspekt der Gattungssolidarität und die Identität von ihrer Möglichkeit der „reflexiven Identifikation" des mündigen Erwachsenen und den Keim in seiner zeitlichen und emergent-kausalen kontinuierlichen Aktualisierung seiner intrinsischen Potentialität auf ein Entwicklungsziel der Entfaltung spezifisch menschlicher (sog. Φ-) Eigenschaften, dann wird der normative, der moralische Status des Embryos als Verantwortungsobjekt mit seiner unausweichlichen Verpflichtung zu Achtung und Schutz deutlich. Es ist vor allem die Potentialität der biologischen, seelischen und geistigen Entwicklung zu einer uns gleichen Person, der auch der Lebensschutz von der Zygote immer bis ins u. U. hohe Erwachsenenalter zu gewähren ist.

Biologische Phänomene während der Entwicklung wie der natürliche Embryonenverlust, die nach der Kernverschmelzung sekundäre Zwillings- oder Mehrlingsbildung, die gestörte Entfaltung genetisch veranlagter Möglichkeiten u. a. schwächen die kriterielle Kraft von SKIP weder für die Beschreibung des Prozesses – in ihrer konstitutiven Verknüpfung und ihrer normativen Verortung in einem wertorientierten soziokulturell argumentativen Kontext – noch für die Begründung von Menschenwürde und Lebensschutz.

An verschiedenen Stellen zeigt sich dabei die Möglichkeit scheinbar aporetischer Konflikte, wenn die beiden Grundwerte Menschenwürde und Lebensschutzanspruch als untrennbar, gar synonym oder sich gegenseitig bedingend gesehen werden. Unter Bedingungen der Gefährdung der Mutter durch eine Schwangerschaft oder durch die Geburt (sog. mütterliche Indikation zur Interruption), in Triagesituationen bei Unfällen oder Katastrophen und anderen Konfliktlagen kann eine Güterabwägung von Leben gegen Leben gefordert sein mit dem Opfer eines zu Lasten des anderen Lebens. Wenn ein in vitro erzeugter Embryo in der Präimplantationsdiagnostik[23] eine abnorme Chromosomenausstattung erkennen lässt, ist es moralisch nicht vertretbar, einen solchen Embryo der Frau zu implantieren, er wird aufgegeben, „geopfert".

Hat die Konflikthaftigkeit als solche nicht ihren Grund in der fundamentalen Lebensschutzwürdigkeit? Dieser Grund – kein logischer, sondern ein konstitutiver, seinslogischer Grund – liegt in der unhintergehbaren Menschenwürde, die als solche nicht angetastet wird, auch nicht durch das Opfer des Embryos, des Fetus oder des Nasciturus in den skizzierten Konfliktfällen. Schutz und Opfer sind in Ausnahme- und Dilemmasituationen gegeneinander abzuwägen vor dem Maßstab höherrangiger Werte: Zumutbarkeit einer Schwangerschaft mit einer genetisch abnormen oder einer nicht lebensfähigen Leibesfrucht, das Leben des Nasciturus gegenüber dem Gesundheits- und Lebensschutz der Frau (um hier nur wenige vitale und moralische Dilemmata anzudeuten). Der Lebensschutz ist moralisch und rechtlich relativierbar (s. Grundgesetz Artikel 2, Absatz 2),

---

23 In Deutschland wird PID aufgrund von Vorgaben des Embryonenschutzgesetzes derzeit nicht durchgeführt.

d. h. in den soziokulturellen Kontext einer Wertordnung zu stellen, die Menschenwürde dagegen nicht. Sie ist unabhängig vom Lebensschutzanspruch und der Schutzwürdigkeit unantastbar.

Glossar

Blastozyste: der früh-embryonale Keim im 32-Zellen-Stadium mit Unterscheidbarkeit des sich zum eigentlichen Embryo (Embryoblast) und zum embryonalen Teil der Placenta (Trophoblast) weiterentwickelnden Anteile des Keims.

Chromosom: die in den Zellen des Organismus bei der Zellkernteilung mikroskopisch sichtbaren fadenförmigen Strukturen der färbbaren Zellkernmasse (Chromatin); wichtigster Bestandteil sind die Desoxy-Ribonukleinsäuren; sie sind Träger der Erbanlagen.

diploid: mit vollständigem doppeltem Chromosomensatz ausgestattete Zellen.

Fertilisation, in-vitro-Fertilisation: Befruchtung der Eizelle mit Vereinigung der beiden haploiden Chromosomensätze der Gameten. Im Rahmen der Therapie der ungewollten Kinderlosigkeit werden Eizellen, die der Frau nach Hormonstimulation entnommen werden, in vitro mit Samenzellen zur Befruchtung zusammengebracht.

Gamet: reife, zur geschlechtlichen Befruchtung befähigte männliche oder weibliche Keimzelle (Ei- bzw. Samenzelle).

Genom: der vollständige Satz der Gene eines haploiden Chromosomensatzes der Zellen, d. h. die gesamte genetische Information einer Keimzelle, i. w. S. auch die einer diploiden Zelle.

haploid: mit einfachem Chromosomensatz ausgestattete (Keim-) Zelle.

Nasciturus: das geburtsreife Kind.

Nidation: Einnistung des nidationsreifen Embryos in die Gebärmutter-Schleimhaut; am 6.-8. Tag nach der Befruchtung.

nukleär: zum Zellkern gehörend.

Oozyte: die noch diploide Eizelle.

Organogenese: synchrone und koordinierte Organentwicklung in der Früh-Schwangerschaft bis zum Ende der 8. Schwangerschaftswoche.

Präimplantationsdiagnostik (PID): Untersuchung zur Feststellung von Gendefekten des Embryos vor seiner Nidation; im Rahmen der in-vitro-Fertilisation praktizierte Diagnostik; in Deutschland nach dem Embryonenschutzgesetz verboten (2008).

Pränidationsembryo: der Embryo vor seiner Einnistung in die Gebärmutter-Schleimhaut.

Zygote: die aus der Vereinigung der beiden Gameten entstehende diploide Zelle; diese befruchtete Eizelle ist totipotent, d. h. sie kann mit der genetischen Ausstattung des Organismus sämtliche adulten Gewebe zur Entwicklung bringen.

Braunschweiger Beiträge zur Sozialethik

Herausgegeben von Hans-Georg Babke

Band 1 Hans-Georg Babke: Die Zukunftsfähigkeit des Föderalismus in Deutschland und Europa. 2007.

Band 2 Hans-Georg Babke: Wissenschaftsfreiheit. 2010.

www.peterlang.de